贵州省普通本科高校课程思政示范项目（教学名师、教学团队）
采矿工程国家级一流本科专业建设项目
贵州大学本科国家级教学成果奖培育项目

矿业系统工程

王沉　吴桂义　张明清　彭芳坪◎主编

中国矿业大学出版社
·徐州·

内 容 提 要

本书涵盖系统工程的基本理论、矿业系统工程的发展、系统工程的方法论、矿业系统建模、矿业系统分析、矿业系统预测、矿业系统评价、矿业系统决策等内容；主要涉及霍尔“三维结构”模型、德尔菲法、模糊综合评价法、TOPSIS法、层次分析法、风险型决策等方法，介绍了其定义、方法论等相关理论知识及工程应用。本书通过理论阐述与实例应用分析相结合强调了系统观点和思想在矿业工程实际中的重要性。

本书可作为高等院校采矿工程专业及相关专业本科生和研究生的教学用书，同时也可供从事矿山开采的生产技术管理、科研及采矿工程技术人员参考。

图书在版编目(CIP)数据

矿业系统工程 / 王沉等主编. — 徐州 : 中国矿业大学出版社，2024. 8. — ISBN 978-7-5646-6374-2

Ⅰ. TD-05

中国国家版本馆 CIP 数据核字第 2024QQ1714 号

书　　名　矿业系统工程
主　　编　王　沉　吴桂义　张明清　彭芳坪
责任编辑　王美柱　路　露
出版发行　中国矿业大学出版社有限责任公司
　　　　　　（江苏省徐州市解放南路　邮编 221008）
营销热线　(0516)83885370　83884103
出版服务　(0516)83995789　83884920
网　　址　http://www.cumtp.com　**E-mail**:cumtpvip@cumtp.com
印　　刷　江苏淮阴新华印务有限公司
开　　本　787 mm×1092 mm　1/16　**印张** 8.5　**字数** 217 千字
版次印次　2024 年 8 月第 1 版　2024 年 8 月第 1 次印刷
定　　价　30.00 元

前　言

“矿业系统工程”课程的主要任务是：通过课程学习，学生树立系统工程的思想，掌握系统工程方法论，能用系统的观点分析问题，并掌握系统工程分析解决问题的基本概念、基本原理和基本方法，具有运用系统建模、系统分析、系统预测、系统评价与系统决策等系统工程方法分析解决矿业工程领域实际问题的能力，并能有效地运用到生产管理实践中去，从而促进矿业领域的现代化发展。

“矿业系统工程”是矿业工程学科与系统工程学科相结合而形成的一门新的学科，其发展始于20世纪40年代，60年代形成基本学科体系，旨在通过系统工程的思想和方法解决矿业工程中的复杂问题。它结合了运筹学、管理学、计算机科学等多种学科和技术，优化了矿山开采和管理。计算机算法、采矿软件技术在矿业中广泛应用，推动了矿业系统工程学科的蓬勃发展。为促进矿业系统工程思想的进步、便于掌握更多系统工程方法，我们编写此书以满足矿业工程学科教学及人才培养的需要。

全书共分为7章。第1章主要阐述了系统工程学的基本理论、方法，系统科学体系以及矿业系统工程的发展现状；第2章主要介绍了各种系统工程方法和方法学；第3章主要介绍了矿业系统模型，分析了其在矿业工程中的应用；第4章主要介绍了各类系统分析的定义及分析方法步骤；第5章主要介绍了系统预测的概念、步骤以及定性预测方法、定量预测方法；第6章主要介绍了矿业系统评价的定义、步骤、指标体系、多种理论与方法、计算及应用；第7章主要介绍了矿业系统决策的概念、步骤、分类与方法。

在编写本书过程中，编者参考了众多专家和学者的文献资料，还引用了一些前人的研究成果，在此向所有文献资料的作者表示感谢和敬意！贵州大学张黎明老师、路停老师、邓政斌老师、邓小东老师为本书的编写提供了大量资料，并对本书内容进行了认真细致的审阅，提出了宝贵的修改意见；硕士研究生黄欣欣、周琳、龙绍亮、李程、邓祖明、何成亮、丁琎、曹剑、王威在本书的文字编辑、校稿及格式优化方面做了大量工作。在此对他们所做的工作一并表示感谢！

由于编者水平所限，书中难免有疏漏和欠妥之处，敬请广大读者不吝指正。

编　者

2024年8月

目　录

第1章 绪 论

矿业系统工程是矿业工程学科与系统工程学科相结合而形成的一门新的学科。该学科主要使用系统工程思想解决矿业工程中存在的复杂工程问题。本课程需要学习系统工程学的基本理论、基本方法,特别是系统观点、系统思想、系统工程方法论、各种系统分析方法以及系统工程在矿业中的应用。

1.1 系统与系统工程

1.1.1 系统的定义、分类及特性

1.1.1.1 系统的定义

"系统"的概念来源于人类社会的实践经验,并在长期的社会实践中不断发展而逐渐形成。我国科学家钱学森对系统的定义为:"把极其复杂的研究对象称为系统,即由相互作用和相互依赖的若干组成部分结合成的具有特定功能的有机整体,而且这个系统本身又是它所从属的一个更大系统的组成部分。"一般系统论的创始人奥地利的贝塔朗菲指出:"系统的定义可以确定为处于一定的相互关系中,并与环境发生关系的各组成部分的总体。"虽然对于系统的概念有多种理解,但其基本意义大致相同,即系统是由相互作用、相互依赖的若干组成部分结合而成的具有特定功能的有机整体。

系统是一种由若干元素组成的集合体,用来完成某种特殊功能。因此,每一项工作的完成都涉及人、机器、原材料、方法、环境等许多因素(元素)。每一个系统中的元素间相互联系、相互渗透、相互促进,彼此间保持着特定的关系,保证系统所要达到的最终目的。一旦相互间特定的关系遭到破坏,就会造成工作被动和不必要的损失。

1.1.1.2 系统的分类

系统分类是为了便于对系统进行研究,揭示不同系统之间的内在联系,对各种形态的系统进行划分。按照不同的分类标准,可把系统划分成多种类型。

(1) 按照系统的起源划分

① 自然系统:由自然物组成的系统。它是由自然现象发展而来的,如太阳系、银河系、原子结构、山脉系统、河流系统、森林系统、矿产系统等。

② 人造系统:由人类按一定的目的设计和改造而成的,并由人的智能或机械的动力来完成特定目标的系统,如交通运输系统、电力传输系统、企业系统等。

(2) 按照系统与环境的关系划分

① 开放性系统:与外界环境发生联系的系统。

② 封闭性系统:与外界环境隔绝或不受外界环境影响的系统。

(3) 按照组成系统的要素存在的形态划分

① 实体系统：组成系统的元素是实体的、物理方面的存在物的系统。

② 概念系统：由概念、原理、原则、方法、制度、程序等非物理方面的存在物组成的系统。

(4) 按照系统与时间的依赖关系划分

① 静态系统：决定系统特性的因素不会随时间的变化而变化的系统。

② 动态系统：决定系统特性的因素随时间的变化而变化的系统。

(5) 按照物质运动的发展阶段划分

① 无机系统：如力学系统、物理学系统、化学系统等。

② 有机系统：如生物系统等。

③ 人类社会系统：如管理系统、经营系统、作业系统等。

(6) 按照系统的构成划分

① 简单系统：由性质相近的若干要素组成的系统，如物资系统等。

② 复杂系统：由人造系统和自然系统相结合的系统，如农业系统、企业系统和武器系统以及社会经济大系统等。

(7) 按照系统的功能划分

① 环境系统：自然系统和人类社会共同组成的大系统，以及与所要研究的系统周围具有一定关系的系统。

② 军事系统：由军人组成的、保卫国家和本国人民安全以及对世界和平作出贡献的整个系统。

③ 安全系统：由人、机、料、法、环等组成的维持社会团体、机关、企业等安全运行的系统。

④ 其他系统。

1.1.1.3 系统的特性

明确系统的特性，是人们认识系统、研究系统、掌握系统目标的关键。系统具备整体性、目的性、阶层性、相关性、环境适应性和动态性六个基本特性。

(1) 整体性。系统的整体性是系统基本核心特性。系统的整体功能指具有不同性能的各组成要素通过综合、统一(而不是简单拼凑)形成的整体呈现新的特定功能，即“整体大于部分之和”。所以，系统的观点是一种整体的观点，一种综合的思想方法。

(2) 目的性。任何系统都是为完成某种任务或实现某种目的而发挥其特定功能的。要达到系统的既定目的，就必须赋予系统规定的功能，这就需要在系统整体的生命周期，即系统的规划、设计、试验、制造和使用等阶段，对系统采取最优规划、最优设计、最优控制、最优管理等优化措施。

(3) 阶层性。系统阶层性主要表现在系统空间结构的层次性和系统发展的时间顺序性。系统可分成若干子系统和更小的子系统，而该系统又是其所属系统的子系统，这种系统的分割形式表现为系统空间结构的层次性。另外，系统的生命过程也是有序的，它总是要经历孕育、诞生、发展、成熟、衰老、消亡的过程，表现为系统发展的阶层性。

(4) 相关性。构成系统的各要素之间、要素与系统之间、系统与其环境之间都存在相互联系、相互依赖、相互作用的特殊关系，通过这些关系系统各要素有机地联系起来，发挥其特定功能。系统中任一要素发生了变化，其他相关联的要素也要相应地调整，从而保持系统整体的最佳状态。例如，生产班组管理系统的人员增加或减少，就会影响到设备装置、工时安排的改变。

(5) 环境适应性。系统都存在于一定的环境中,并不断地与内外部环境进行物质、能力和信息的交换。系统在环境中能够保持和恢复原有特性,可以调节自身以适应更大的系统。内外部环境特性的变化往往能够引起系统特性的改变,系统要实现预定的目标或功能,必须能适应内外部环境的变化。

(6) 动态性。动态性指系统的状态与结构随时间流逝而发生演化的趋势。世界上没有一成不变的系统,任何一个系统都是一个动态的系统,处在运动变化和发展之中。

1.1.2　系统工程的定义及特点

1.1.2.1　系统工程的定义

系统工程是一门正处于发展阶段的新兴学科,其应用领域十分广阔。它与其他学科相互渗透、相互影响,在不同专业领域其含义不尽相同,没有统一的解释。国内外学术和工程界对系统工程的一些定义,可为我们认识系统工程提供参考。

(1) 中国著名科学家钱学森指出:"系统工程是组织管理系统的规划、研究、设计、制造、试验和使用的科学方法""系统工程是一门组织管理的技术"。《中国大百科全书·自动控制与系统工程卷》指出:"系统工程是从整体出发合理开发、设计、实施和运用系统的工程技术。它是系统科学中直接改造世界的工程技术。"

(2) 美国学者 H. 切斯纳(H. Chestnut)指出:系统工程认为虽然每个系统都由许多不同的特殊功能部分所组成,而这些功能部分之间又存在着相互关系,但是每一个系统都是完整的整体,每一个系统都要求有一个或若干个目标。系统工程则是按照各个目标进行权衡,全面求得最优解(或满意解)的方法,并使各组成部分能够最大限度地互相适应。

(3) 日本学者三浦武雄指出:系统工程与其他工程学不同之处在于它是跨越许多学科的科学,而且是填补这些学科边界空白的边缘科学。由于系统工程的目的是研究系统,而系统不仅涉及工程学的领域,还涉及社会、经济和政治等领域,为了圆满解决这些交叉领域的问题,除了需要某些纵向的专门技术以外,还要有一种技术从横向把它们组织起来,这种横向技术就是系统工程,即研究系统所需的思想、技术和理论等体系化的总称。

系统工程的研究对象是大型复杂的人工系统和复合系统;系统工程的内容是组织协调系统内部各要素的活动,使各要素为实现整体目标发挥适当作用;系统工程的目的是实现系统整体目标最优化。系统工程既是一个技术过程,又是一个管理过程。为了成功地完成系统的研制,在整个系统寿命周期内,技术和管理两方面都很重要。因此,系统工程是一门现代化的组织管理技术,是特殊的工程技术,是跨越许多学科的边缘科学。

1.1.2.2　系统工程的特点

(1) 整体性(系统性)

整体性是系统工程最基本的特点,系统工程把所研究的对象看成一个整体系统,这个整体系统又由若干部分(要素与子系统)有机结合而成。因此,系统工程在研制系统时总是从整体性出发,从整体与部分之间相互依赖、相互制约的关系中去揭示系统的特征和规律,从整体最优化出发去实现系统各组成部分的有效运转。

(2) 关联性(协调性)

用系统工程方法去分析和处理问题时,不仅要考虑部分与部分之间、部分与整体之间的相互关系,还要认真协调它们的关系。这是因为系统各部分之间、各部分与整体之间的相互关系和作用直接影响整体系统的性能,协调它们的关系便可提高整体系统的性能。

（3）综合性（交叉性）

系统工程以大型复杂的人工系统和复合系统为研究对象，这些系统涉及的因素很多，涉及的学科领域也较为广泛。因此，系统工程必须综合研究各种因素，运用各门学科和技术领域的成果，从整体目标出发使各门学科、各种技术有机地配合及运用，以达到整体最优化的目的。如复杂地质条件综采工作面开采设计，就是综合运用各学科、各领域成果的产物，这样一项复杂而庞大的工程没有采用一种新技术，而完全是综合运用现有科学技术的结果。

（4）满意性（最优化）

系统工程是实现系统最优化的组织管理技术。因此，系统整体性能的最优化是系统工程所追求并要达到的目的。由于整体性是系统工程最基本的特点，所以系统工程并不追求构成系统的个别部分最优，而是协调系统各部分的关系，使系统整体目标达到最优。

1.1.3 系统工程的发展

系统工程产生于20世纪40年代，在60年代形成了基本学科体系。1940年，美国贝尔电话公司在发展通信网络时，为缩短科学技术从发明到投入使用的时间，认识到不能只注意电话机和交换台站等设备，更需要研究整个系统，于是采用了一套新方法，首次提出“系统工程”一词。第二次世界大战期间，由于战争的需要，运筹学得以产生和发展，运筹学的广泛应用是系统工程产生和发展的重要因素。1948年，美国成立了兰德公司，该公司创立了系统分析方法，系统分析的目的是根据系统目标和评价指标来寻求最优方案。系统分析及规划-计划-预算模式、德尔菲法、社会试验法等方法丰富了系统工程方法论。系统工程的主要思想由此奠定，为我们今天研究和发展系统工程的理论体系提供了宝贵的借鉴。

系统工程方法论的发展是在人类大型工程实践中不断推进的，其中包括著名的“曼哈顿计划”和“阿波罗计划”。美国在研制原子弹的“曼哈顿计划”的实践中，运用系统工程方法取得了显著成效，大大缩短了工程所耗时间。“阿波罗计划”从1961年启动到1972年完成第六次成功登月，共历时约11年。为了保证这样一个复杂的、质量要求高的工程能够顺利实施，美国国家航空航天局大力发展了系统工程方法，这也是该计划成功的关键。正如钱学森在《组织管理的技术：系统工程》中提到的，“导弹武器系统是现代最复杂的工程系统之一，要靠成千上万人的大力协同工作才能研制成功。研制这样一种复杂工程系统所面临的基本问题是：怎样把比较笼统的初始研制要求逐步地变成成千上万个研制任务参加者的具体工作，以及怎样把这些工作最终综合成一个技术上合理、经济上合算、研制周期短、能协调运转的实际系统，并使这个系统成为它所从属的更大系统的有效组成部分”。大量复杂工程中对系统工程方法论的探索和实践极大地促进了系统工程方法论的发展。

1957年，美国密西根大学的古德（A. H. Goode）和麦科尔（R. E. Machal）两位教授合作出版了第一部以“系统工程”命名的书。1965年，麦科尔又编写了《系统工程手册》一书，比较完整地阐述了系统工程理论、系统方法、系统技术、系统数学、系统环境等内容。至此，系统工程初步形成了一个较为完整的理论体系。1962年，A. D. 霍尔出版了《系统工程方法论》一书，其内容涉及系统环境、系统要素、系统理论、系统技术、系统数学等方面。霍尔还于1969年提出一种著名的系统工程方法论——霍尔三维结构。霍尔三维结构和相关书籍的出现，标志着系统工程方法论的成型，为工程过程提供了更为规范化的指导。

进入20世纪70年代，系统工程发展到解决大系统的最优化问题阶段，其应用范围已超出传统工程的概念。从社会科学到自然科学，从经济基础到上层建筑，从城市规划到生态环境，从生物科学到军事科学，无不涉及系统工程，无不需要系统工程。至此，系统工程经历了产生、发展和初步形成阶段。但是，系统工程作为一门新兴的综合性的边缘科学，在理论上、方法上、体系上都处于发展之中，它必将随着生产技术、基础理论、计算工具的发展而不断发展。

系统工程在我国比较系统的、有组织的研究和运用始于20世纪60年代。当时，在著名科学家钱学森教授的倡导和支持下，系统工程在“两弹一星”和“载人飞船”等国防尖端技术方面进行了成功应用，取得了显著成效。自1970年以来，系统工程在我国的研究和应用进入了一个前所未有的新时期：系统工程作为重点学科列入了全国科学技术发展规划；在高等学校设置了系统工程专业，培养本科生、硕士研究生和博士研究生；中国自动化学会系统工程专业委员会和中国系统工程学会相继宣告成立。从此，系统工程在我国的研究工作便由初期的传播系统工程的理论、方法到独立开展系统工程的理论方法研究。在应用方面，系统工程已在能源系统工程、军事系统工程、社会系统工程、农业系统工程和大型工程系统工程等方面取得了一定的成效。目前，系统工程与我国现代化建设的密切关系正在为更多的人所认识，系统工程必将在我国的现代化建设中发挥越来越大的作用。

1.2　系统科学体系

系统工程是一门从总体上改造客观世界的工程技术。如同其他工程技术的发展一样，系统工程也有自己的科学理论基础——系统科学。系统科学是一门从总体上研究复杂系统共同运动规律的科学。钱学森指出，系统科学的出现是一场科学革命，科学革命是人类认识客观世界的飞跃。

1.2.1　系统科学体系的内涵及特性

1.2.1.1　系统科学体系的内涵

系统科学是研究系统的结构与功能关系、演化和调控规律的科学，是一门新兴的综合性、交叉性学科。它以不同领域的复杂系统为研究对象，从系统和整体的角度，探讨复杂系统的性质和演化规律，目的是揭示各种系统的共性以及演化过程中所遵循的共同规律，发展优化和调控系统的方法，进而为系统科学在科学技术、社会、经济、军事、生物等领域的应用提供理论依据。

1.2.1.2　系统科学体系的特性

(1) 物性与系统性

系统一词几乎从不单独使用，而往往与一些修饰词组成复合词，如“自然系统”“物理系统”“生物系统”“社会系统”等。这种使用方式本身就体现了现代科学体系的二维特征。前面的修饰词，如“自然”“物理”“生物”和“社会”等词，描述了研究对象的物质特征，即物性；而系统一词，表征了所描述对象的系统或整体特征，即系统性。对某一具体对象的研究，既离不开对其物性的讨论，也离不开对其系统性的阐述，必须将两者结合起来，才能准确、全面地弄清所研究的对象，而这正是现代科学二维特征的体现。

(2) 整体与局部的关系：涌现性

系统科学不同于传统科学的显著特点之一就在于它对系统整体特性的强调，其核心思想在于一个系统作为整体，具有其要素所不具有的性质和功能；整体的性质和功能，不等同于其各要素性质和功能的叠加;整体的运动特征,只能在比其要素所处层次更高的层次上进行描述。现代系统理论大师、奥地利生物学家贝塔朗菲指出,传统科学未能对系统的整体行为提供合理的因果性解释,即从已知的物理学定律出发,去解释具有特定功能的宏观整体或一组宏观约束是怎样由一盘散沙似的部分产生的。因此,系统科学的产生与解释系统整体性直接相关。系统科学提出认识系统整体性的关键,就是研究涌现现象和涌现性质。

涌现是指一组元素(或广义粒子)从一种杂乱无章的状态向一种协调一致的状态的自发转变。涌现性是指复杂适应系统中的一种基本表现,它描述了由众多简单的子系统通过聚集和相互作用共同产生的高度复杂的现象。从根本上讲,系统的整体性、集体行为、涌现性是等价的,都是指整体在宏观层次上具有的不同于其元素及元素加和的性质。但是涌现性的概念突出了整体性产生的过程,描述一种从低层次到高层次、从局部到整体的变化,强调元素间的相互作用。

尽管涌现的定义多种多样,但它们都涉及涌现的一些特性:① 微观不可预测性。即使对低层次元素有完备的知识,也不可能推断出高层次的结构。② 新质特性。涌现性对元素的性质而言是全新的,处在一种更宏观的层次上,是微观层次不存在的新质。③ 不变性。涌现性相对微观层次的元素状态而言有一定的不变性,元素总是处于微涨落不断变化的状态中,但整体的特性相对不变。④ 宏观约束性。系统的整体性约束元素的行为,即元素间的相互作用产生了宏观层次上涌现的整体或约束,这种宏观约束又反过来支配元素的行为。

1998 年,科学家约翰·霍兰(John Holland)在《涌现:从混沌到有序》一书中指出:涌现性是一个相互作用的群体的性质,群体中的个体单独行动时则无法表现该性质。系统科学就是关于整体涌现性的科学理论,探索整体涌现发生的条件、机制、规律及如何利用它们。不同的结构方式、不同的相互激发方式产生不同的整体涌现性。整体涌现性的产生原因不是单一的,而是规模效应和结构效应共同作用的结果。整体涌现性是“整体大于部分之和”或者“整体小于部分之和”的更精确表述,这样的整体与部分的差值就是涌现性。

1.2.2 系统科学体系研究的主要内容

复杂系统的特点主要是开放性、非线性、随机性和涌现性(自组织),其对应系统科学的几个主要理论即开放系统理论、非线性理论、随机系统理论、自组织理论等。这几个理论之间的关系可用图 1-1 加以说明。非线性是复杂系统的内在因素;开放性和随机性是复杂系统的外在因素;自组织是内在因素和外在因素相互作用的结果,是复杂系统追求的目标。因此,在开放系统理论、非线性理论、随机系统理论和自组织理论中,自组织理论是系统科学研究的核心内容。研究社会自组织即研究和谐社会,研究经济自组织即研究经济协调发展,研究生态自组织即研究生态平衡,研究军事自组织即研究协同作战。虽然不同自组织系统追求的目标是不同的,但是从系统的角度,统筹、协调、权衡这些目标的思路是相同的,这就是系统工程的出发点和落脚点。

1.2.3 系统科学体系的建立

20 世纪 40 年代以来,科学技术取得了巨大进步,出现了研制计算机、导弹和宇宙飞船这样的大科学工程,从而促进了系统研究各分支的发展。特别是 50 年代,系统工程的发展又把综合化、系统化推向新的高度,硬技术转向软技术,有形产品转向无形产品,从而使系统科学具有明显的交叉学科的性质,并在指导工程技术进步中发挥了巨大作用。因此,现代系

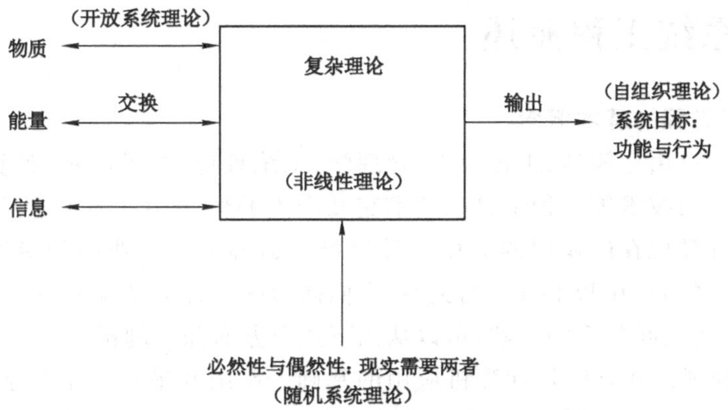

图 1-1 系统科学体系理论之间的关系

统科学的发展,体现在系统哲学、系统方法、系统技术和系统实践各个层面上,系统思想已广泛应用于传统科学及人们日常生活管理的一切领域。系统科学研究本身也有了很大进展,系统科学已经改变了人们观察世界的方法和角度,与传统科学一起极大地丰富了人类对自然和自身的认识。

钱学森关于建立系统科学体系的思想,在国际上独树一帜。他认为:随着科学技术的飞跃进步,学科分化和综合的不断更新,老的学科体系已经不适应了,有必要建立新的学科体系。1981 年,钱学森提出了新的学科体系结构,把系统科学放到了与自然科学、数学、社会科学、思维科学、人体科学等大学科并列的地位。同时,他主张把系统工程与系统科学加以区别,前者是工程技术,后者是基础理论。系统工程技术与各传统科学结合,形成系统工程的应用,如军事系统工程、社会系统工程、经济系统工程、教育系统工程、矿业系统工程等。在系统科学体系中,应当区分技术科学(如运筹学、信息论、控制论等)和基础科学,他主张将一般系统论、耗散结构、协同学等学科成就进行全面总结后,建立系统科学的基础理论,即系统学。而反映在一般系统论中的哲学内容,应当分离出来,归纳为系统哲学,作为唯物辩证法过渡到系统学的一座桥梁,这就是系统科学体系的三维结构模型,即传统科学维、横向科学维和科学层次维。其中,关于传统科学维,主要是数学、物理、化学、天文、地理、生物等学科;关于科学层次维,钱学森认为所有科学都有哲学、基础科学、技术科学和工程技术四个层次,系统科学的四个层次即系统哲学,系统学等基础科学,运筹学、信息论、控制论等技术科学,以及与各门传统科学结合的各门类系统工程技术。另外,如果按照系统的分类,系统学等基础理论还可分为简单系统理论、复杂系统理论、复杂巨系统理论。复杂巨系统的概念是钱学森在论述社会系统工程时提出来的,他强调这类系统的复杂程度是一般工程系统所没有的。1990 年,钱学森、于景元、戴汝为发表了题为《一个科学新领域:开放的复杂巨系统及其方法论》的论文,提出了开放的复杂巨系统的概念。这一概念规定了以下四个要点:① 系统的子系统间可以有各种方式的通信;② 子系统的种类多,各有其定性模型;③ 各子系统中的知识表达方式不同,获取知识的方式亦不同;④ 系统中子系统的结构随着系统的演变会有变化,所以系统的结构不断改变。

1.3 矿业系统工程概述

1.3.1 矿业系统工程的基本概念

矿业系统工程是由运筹学、工程数学、管理学、系统理论、技术经济、计算机科学与技术以及采矿工程理论与技术等多种学科和技术交叉产生的新学科。关于这门新学科，有 3 种不同的说法，即“计算机在矿业中的应用”“计算机和运筹学在矿业中的应用”“矿业系统工程”。由于这三者之间存在密不可分的关系，人们认为这三者本身就是一个有机整体的不同表现形式，对于三者之间关系的理解，可以从以下几个方面深入剖析。

(1) 系统工程理论和方法是计算机应用的基础。矿山开采是一个复杂的系统工程，从地质勘探、设计到生产、经营销售，各个环节关系密切，矿山生产需要严密科学的设计和严格科学的管理。矿山开采的对象——矿床，需要在开采前和开采过程中不断进行勘探和了解，并因此而不断调整矿山企业的各项作业计划和经营行为。因此，计算机的应用不能仅仅局限于解决局部问题，而应该从系统整体的角度出发分析和解决问题。

(2) 运筹学通过数学模型来表达系统工程思想。发展于 20 世纪 40 年代的运筹学，其整体优化思想蕴涵了系统工程的思想，可以说在某些方面是系统工程思想的数学模型的具体表现形式。运筹学的特点是从全局出发，通过建立模型，对于要解决的问题寻求最优最合理的决策方案。一般来说，运筹学仅从数学角度去解决问题，也只能解决那些能够用数学模型表述的问题。对于能表述为数学模型的具体问题，运筹学能够以最直接的途径获得最准确的结论。

(3) 计算机是实现系统工程思想和运筹学优化思想的工具。要实现系统工程思想和运筹学优化思想，就必须依靠计算机进行大量的数据处理、信息管理、图形图像设计和处理、求解运算等工作，以及实现其他依靠人力无法实现的功能。此外，计算机技术还是一种技术和知识资源，是人类智慧的结晶。飞速发展的软、硬件技术和不断积累的软件成果大大提高了人们认识问题和解决问题的能力。

1.3.2 矿业系统工程的发展现状及应用

20 世纪 50 年代末期，系统工程理论方法和计算机技术就开始应用于矿业领域。计算机技术应用和矿业系统工程的任务就是解决矿山开采系统中的规划、设计、建设和生产管理的优化评价问题，并为矿山企业管理提供现代化手段。时至今日，系统工程及计算机技术的应用范围遍及矿山开采系统的各个阶段及方面。

(1) 资源开发、规划与管理。其内容主要包括资源经济与管理、资源开发与产业发展战略、资源开发与可持续发展、矿区经济评价、资源开发条件评价、资源环境保护等。

(2) 矿山地质优化。其研究及解决的问题包括：① 研究最佳边界品位，考虑投资的时间价值，逐年动态圈定矿体；② 评估地质资源，采用各种估值方法推断矿体轮廓，计算矿石储量及质量指标；③ 研究和应用地质统计学理论和方法，推断矿床中主要组分的分布情况；④ 研究和建立矿床模型，将地质信息数据结构化、计算机模型化和可视化；⑤ 研究矿石质量中和方法，研究配矿数学模型，充分利用矿山资源。

(3) 矿山规划及设计工作的优化。围绕矿山规划及矿山设计，进行的研究开发工作主要有：① 应用线性规划、混合整数规划及投入产出法，综合考虑投资及生产成本，研究矿区最佳建设顺序及生产规模，确定矿山合理的生产能力；② 进行矿山投资风险分析，采用计算机仿真技术及概率统计、矿业经济等理论与方法，预测和分析矿山投资的效果；③ 应用计算机仿真技术、数学规划方法、技术经济学等，合理地确定露天矿开采境界、设备类型和数量；④ 在方案优化及参数优化的基础上，确定合理的采矿方法；⑤ 应用专家系统、遗传算法、人工神经网络等理论和方法，综合考虑各种因素，确定合理的矿山开拓系统；⑥ 优化矿井通风系统，运用网络技术及其他优化方法，使通风系统的设计、运行和控制更加合理；⑦ 应用概率统计、预测技术等理论与方法，研究矿山安全管理问题；⑧ 优化矿山总图布置方案，运用数学规划理论方法，合理布置各种工业场地和设施。

(4) 矿山企业现代化管理。矿山企业现代化管理是系统工程的重要应用方面，主要内容包括：① 应用数据库、人工智能和专家系统等现代化信息管理技术，建立矿山管理信息系统和决策支持系统，辅助管理和决策，建立办公自动化系统，提高办公效率和质量；② 应用线性规划、动态规划等方法，优化矿山生产计划；③ 应用网络计划方法和项目管理方法，优化施工管理；④ 利用传感技术、信息论、控制论等技术，对矿山生产过程进行优化控制，使矿山生产处于最佳状态；⑤ 运用数理统计和全面质量管理方法，严格管理和控制矿山生产各个环节的质量；⑥ 运用成本管理理论和信息管理技术，研究矿山生产成本现代化管理方法和手段；⑦ 采用数理统计、因果分析和时间序列分析等数学方法及各种经济理论，分析矿山企业经济活动，研究矿山的经济效果，预测矿山各种技术经济指标。

(5) 采矿软件的发展。早期的矿用软件一般来说是针对个别矿山开发的专用程序。实践证明，这种方式对矿山应用者来说太死板，对开发者来说市场太小。因此，人们追求开发模块化综合软件包，其适用范围广，可用于各种地质和几何条件的矿山。20 世纪 80 年代中期以来，主要采矿国家的采矿软件公司相继推出了大量用于矿床开采评估、设计、规划和生产管理的综合性采矿软件包，如 Datamine、Mincom、Medysystem、PC-Mine、Surpac、MK Eagles 等。计算机技术的有效应用使矿山的生产经营从方法到手段发生了根本性变化，实现了矿山的科学管理和优化开采。

思　考　题

1. 何谓系统？何谓复杂系统？何谓体系？它们具有哪些特性？

2. 理解国内外学术界和工程界对系统工程的不同定义，分析这些定义的内涵和侧重点。

3. 系统工程与系统科学的联系和区别是什么？

4. 试述钱学森关于建立系统科学体系的思想。

5. 试述系统的结构与功能之间的关系。

6. 简述矿业系统工程的基本概念，举例说明矿业系统工程学科的应用范围。

第2章　系统工程方法论

人们将研究、分析和处理问题的思想、程序和基本原则叫作方法论。系统工程方法论属于方法论范畴，是以系统的观点研究系统方法（含技术和工具）的一门学问。从系统思想、系统方法论与系统方法三者之间的关系（图 2-1）来看，系统方法论属于系统思想指导下研究系统方法这一层面。

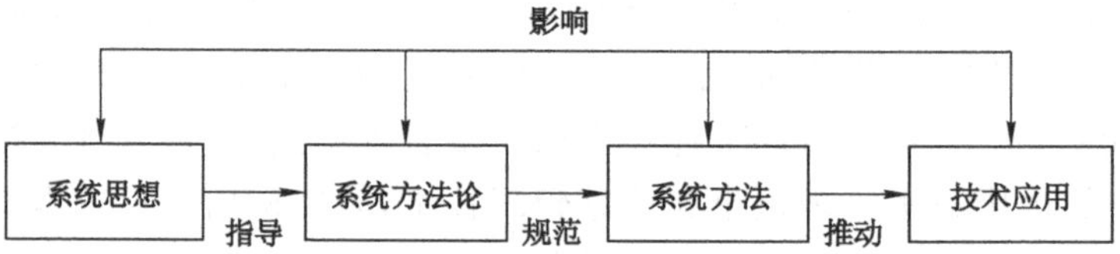

图 2-1　系统方法论从属关系

系统工程方法是一系列用于解决复杂问题的科学决策和技术手段，它强调整体的、综合的和协调的思考方式，分为方法层次和技术层次两个层面。方法层次上主要是研究、分析、处理系统工程问题运用的程序和基本原则；技术层次上是处理复杂系统问题常用的一些具体方法。方法和方法论在认识上是两个不同的范畴：方法是用于完成一个既定任务的具体技术和操作；而方法论是进行研究和探索的一般途径，是对方法如何使用的指导。系统工程方法论是指处理复杂系统问题的基本思想和方法论层次上各种方法的总和，是研究和探索（复杂）系统问题的一般依据和途径，其特点有研究方法强调整体性、技术应用强调综合性、管理决策强调科学性。

系统工程方法论是系统工程应用的基础和关键所在，系统工程处理问题的独特方法论是系统工程区别于其他各门科学的基本特征之一，系统工程处理问题的最基本出发点是将所分析的对象作为整体系统来考虑。主要的系统工程方法论有霍尔“三维结构”模型、切克兰德“调查学习”模式、并行工程方法学、综合集成工程方法学、WSR 系统方法论、“5W1H”方法论等。

2.1　霍尔“三维结构”模型

霍尔三维结构是美国系统工程专家霍尔（A. D. Hall）等在大量工程实践的基础上，于 1969 年提出的一种系统工程方法论。其内容反映在可以直观展示系统工程各项工作内容的三维结构图中。霍尔三维结构集中体现了系统工程方法的系统化、综合化、最优化、程序化和标准化等特点。它的出现，为解决大型复杂系统的规划、组织、管理问题提供了一种统一的思想方法，因而在世界各国得到了广泛应用。

2.1.1　霍尔三维结构的含义

霍尔三维结构又称霍尔系统工程，后人与软系统方法论对比，将其称为硬系统方法论(hard system methodology，HSM)。霍尔三维结构将系统工程整个活动过程分为前后紧密衔接的七个阶段和七个步骤，同时还考虑了为完成这些阶段和步骤所需要的各种专业知识和技能。这样就形成了由时间维、逻辑维和知识维所组成的三维空间立体结构，如图 2-2 所示。其中，时间维表示系统工程活动从开始到结束按时间顺序排列的全过程，分为规划、拟定方案、研制、生产、安装、运行、更新七个时间阶段。逻辑维表示时间维的每一个阶段所要进行的工作内容和应该遵循的思维程序，包括明确问题、确定目标、系统综合、系统分析、优化、决策、实施七个逻辑步骤。知识维列举需要运用包括工程学、医学、建筑学、商学、法学、管理学、社会科学、艺术学等各种知识和技能。三维结构体系形象地描述了系统工程研究的框架，对其中任一阶段和每个步骤又可进一步展开，形成了分层次的树状体系。

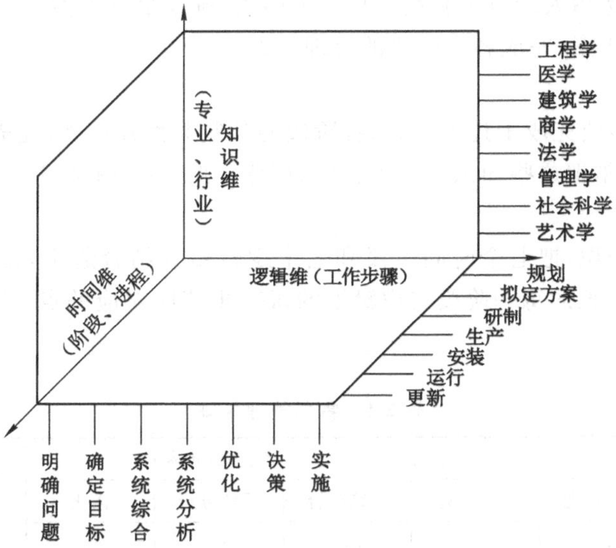

图 2-2　霍尔三维结构示意图

2.1.2　霍尔三维结构分析

2.1.2.1　时间维

时间维表示对于一个具体的工程项目，从规划起一直到更新为止，全部过程分为七个阶段。

(1) 规划阶段：即调研、程序设计阶段，目的在于谋求活动的规划与战略。

(2) 拟定方案阶段：根据规划阶段所提出的若干设计思想和初步方案，从社会、经济、技术可行性等方面进行综合分析，提出具体计划方案并选择一个最优方案。

(3) 研制阶段：以计划为行动指南，把人、财、物组成一个有机的整体，使各个环节、各个部门围绕总目标，拟定研制方案及生产计划。

(4) 生产阶段：生产出系统的零部件(软硬件)及整个系统，并提出安装计划。

(5) 安装阶段：将系统安装完毕，并完成系统的运行计划。

(6) 运行阶段：系统按预定目标或预期的用途开展服务。

(7) 更新阶段:完成系统的评价,在现系统运行的基础上,改进和更新系统,提升系统功能,使之更有效地工作,同时为系统进入下一个研制周期准备条件。

2.1.2.2 逻辑维

逻辑维表示每个阶段所要进行的工作内容和遵循的思维程序。

(1) 明确问题:尽可能全面地收集资料、了解问题,包括实地考察和测量、调研、需求分析和市场预测等。

(2) 确定目标:对所要解决的问题,提出应达到的目标,并制定衡量是否达标的准则。

(3) 系统综合:收集并综合能达到预期目标的方案,对每一种方案进行必要的说明。

(4) 系统分析:对综合得到的各种方案进行比较、分析,必要时,建立数学模型进行仿真试验或理论计算。

(5) 优化:对数学模型给出的结果加以评价,筛选出满足目标要求的最佳方案。

(6) 决策:综合考虑人的行为和社会环境等因素,确定最佳方案。

(7) 实施:执行方案,完成各个阶段的管理工作。

2.1.2.3 知识维

系统工程除了需要完成上述各步骤、各阶段的某些共性知识外,还需要其他学科的知识和各种专业技术,霍尔把这些知识分为工程学、医学、建筑学、商学、法学、管理学、社会科学和艺术学知识等。

运用系统工程知识,把七个时间阶段和七个逻辑步骤结合起来,便形成霍尔管理矩阵(表 2-1),矩阵中时间维的每一阶段与逻辑维的每一步骤所对应的点,代表一项具体的管理活动。

表 2-1 霍尔管理矩阵

时间维(阶段)	逻辑维(步骤)						
	明确问题	选择目标	系统综合	系统分析	优化	决策	实施
规划阶段	a_{11}	a_{12}	a_{13}	a_{14}	a_{15}	a_{16}	a_{17}
拟定方案阶段	a_{21}	a_{22}	a_{23}	a_{24}	a_{25}	a_{26}	a_{27}
研制阶段	a_{31}	a_{32}	a_{33}	a_{34}	a_{35}	a_{36}	a_{37}
生产阶段	a_{41}	a_{42}	a_{43}	a_{44}	a_{45}	a_{46}	a_{47}
安装阶段	a_{51}	a_{52}	a_{53}	a_{54}	a_{55}	a_{56}	a_{57}
运行阶段	a_{61}	a_{62}	a_{63}	a_{64}	a_{65}	a_{66}	a_{67}
更新阶段	a_{71}	a_{72}	a_{73}	a_{74}	a_{75}	a_{76}	a_{77}

在这个过程系统中,每一阶段都有自己的管理内容和管理目标,每一步骤都有自己的管理手段和管理方法,彼此相互联系,再加上具体的管理对象,便组成了一个有机整体,要从整体上达到最优效果,必须使各阶段、步骤的活动反复进行。反复性是霍尔管理矩阵的一个重要特点,它反映了从规划到更新的过程需要控制、调节和决策。因此,系统工程过程系统充分体现了计划、组织和控制的职能。霍尔管理矩阵中不同的管理活动对知识的需求和侧重不同。在逻辑维的七个步骤中,体现了系统工程解决问题的研究方法,即定性与定量相结合,理论与实践相结合,具体问题具体分析。在时间维的七个阶段中,规划和拟定方案阶段

一般以技术管理为主，辅之行政、经济管理方法。霍尔管理矩阵可以提醒人们在哪个阶段该做哪一步工作，同时明确各项具体工作在全局中的地位和作用，从而使工作得到合理安排。

2.1.3　霍尔"三维结构"模型在矿业工程中的应用

煤矿生产系统是一个立体式变化的复杂巨系统，其危险源普遍存在且动态积聚、叠加与耦合，可能导致事故的发生。国内学者在危险源的概念、分类、辨识与风险评估等方面开展了一系列的研究工作。这些研究主要从煤矿各类灾害致因激励、风险类型、生产系统区域和管理对象等方面进行危险源信息表述。然而，在煤矿生产系统安全评价阶段，由于考虑角度的不同会存在系统安全主控因素难以提取并量化的问题。运用一种有效的方法来标记或描述评估对象、主要影响因素及其相互关系，是合理评估煤矿危险源系统安全性的有效手段。"因素空间"理论是汪培庄于 1982 年提出的，用来解释随机性的根源及概率规律的数学实质，并且已转向模糊集理论及其应用研究。基于霍尔三维结构模型与因素空间理论描述煤矿生产系统危险源信息，并运用熵权法和灰色关联分析法评价系统安全性，实现系统安全动态评价，将有利于促进现场安全管理工作的持续改进。

在煤矿现场危险源辨识的过程中，根据矿井的实际情况，划分系统、工序，从人的不安全行为、物的不安全状态等方面出发提取影响安全生产的主要危险因素。煤矿危险源体系从煤矿大系统到各个子系统，进一步深入子系统内各工序，再细化到影响每个工序的主要危险因素，形成一个多层递阶结构，如图 2-3 所示。基于霍尔三维结构模型建立的煤矿危险源三维多粒度结构模型，如图 2-4 所示。

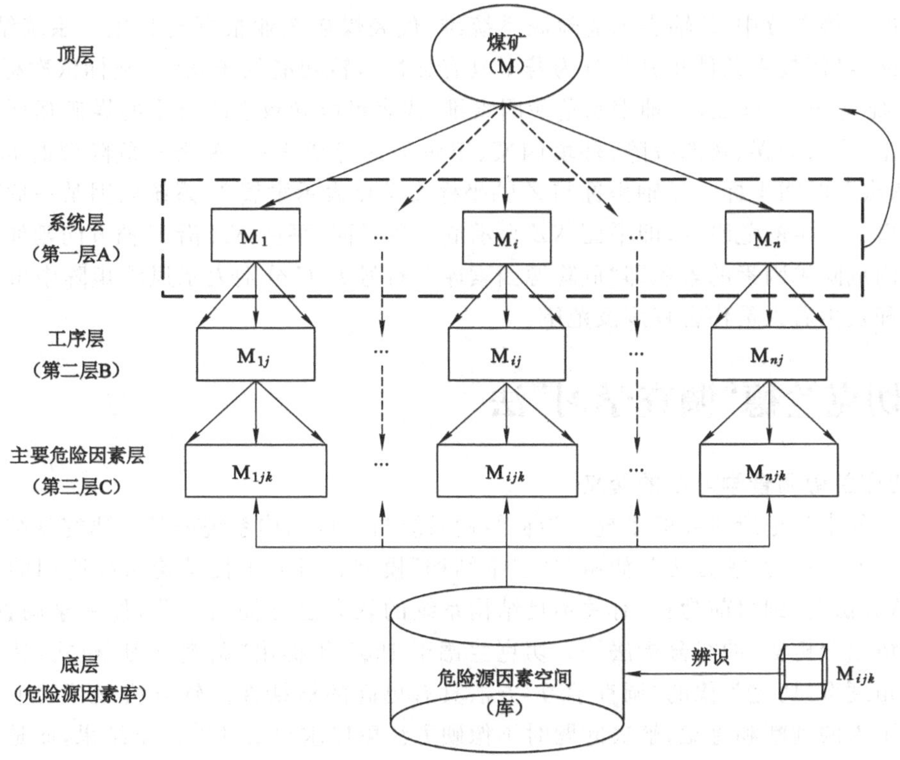

图 2-3　煤矿危险源多层递阶结构

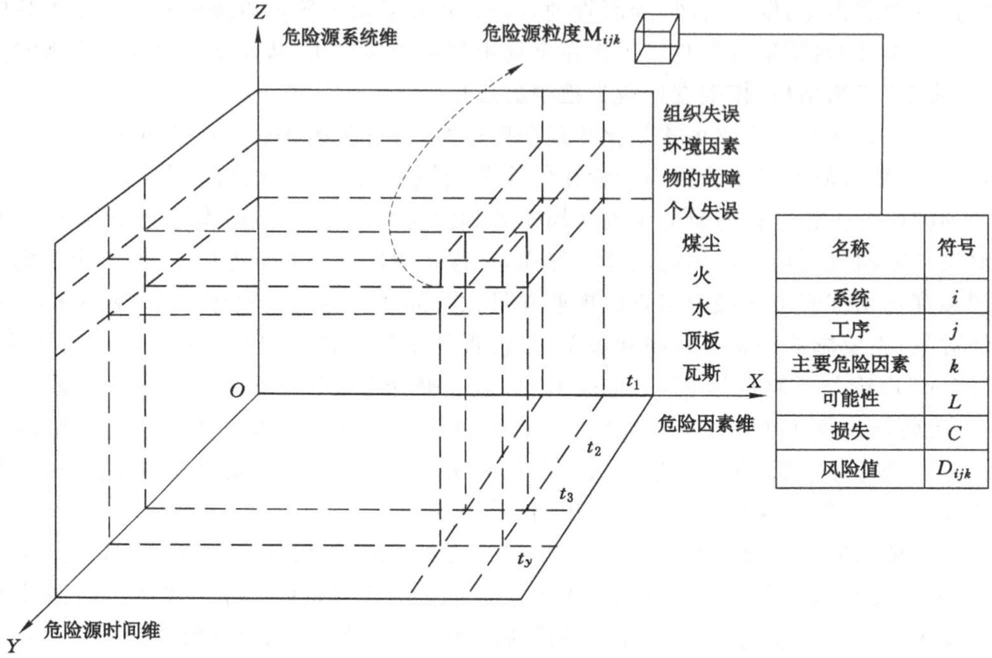

图 2-4　煤矿危险源三维多粒度结构模型

模型的三维划分中，Z 轴表示危险源系统维，代表煤矿企业根据自身生产系统结构、管理部门职能、经济技术条件将其划分为若干具有独特运转功能的子系统，坐标依次标记为 1 系统，2 系统，……，i 系统；X 轴表示危险因素维，代表可能导致事故发生的煤矿瓦斯、顶板、水、火、煤尘、个人失误、物的故障、环境因素、组织失误等要素；Y 轴表示危险源时间维，t_1，t_2，…，t_y 依次为时间坐标。X 轴坐标与 Z 轴坐标交叉点表示隶属 X 系统内因某一危险因素可能导致事故发生的危险源，即平面 XZ 表示危险源平面，平面 XZ 沿 Y 轴方向延伸表示连续时间段内危险源因素的累积即“危险源因素库”，符号 L、C 分别表示风险矩阵中事故发生的可能性和发生后人员伤害程度及范围。

2.2　切克兰德“调查学习”法

2.2.1　切克兰德调查学习法的含义

系统工程常常把所研究的系统分为良结构系统与不良结构系统两类。研究良结构系统所用的方法通常称为“硬方法”，如霍尔“三维结构”模型。研究不良结构系统所用的方法通常称为“软方法”。到目前为止，有关不良结构系统的软方法已提出一些，如专家调查法(德尔菲法)、情景分析法、冲突分析法等。切克兰德于 1981 年提出“调查学习”模式，从系统工程方法论角度看，切克兰德的“调查学习”方法具有更高的概括性。软方法“软”的主要原因是它加入了人的判断和直觉，解决问题时不像硬方法可以求出最佳的定量结果，而是所求出的结果一般是可行的满意解，并且有些结果因人而异。良结构系统与不良结构系统的比较见表 2-2。

表 2-2　良结构系统与不良结构系统的比较

系　　统	定　　义	特　　点	解决的方法
良结构系统	偏重工程、机理明显的物理型的硬方法系统	可用较明显的数学模型描述，有较现成的定量方法可以计算出系统的行为和最佳结果	用硬方法求出最佳的定量结果，如采用霍尔“三维结构”模型
不良结构系统	偏重社会、机理尚不清楚的生物型的软方法系统	较难用数学模型描述，因其加入了人的直觉和判断，往往只能用半定量、半定性或者只能用定性的方法来处理问题	用软方法求出可行的满意解，常用德尔菲法、情景分析法、冲突分析法、切克兰德调查学习法等

2.2.2　切克兰德调查学习法的步骤

切克兰德调查学习法的核心不是寻求最优化，而是调查、比较或者说是学习该方法模型在与现状比较中，改善现存系统的途径，其目的是求得可行的满意解。它的方法步骤如下：

(1) 不良结构系统现状说明。通过调查分析，对现存的不良结构系统的现状进行说明。

(2) 弄清关联因素。初步弄清、改善与现状有关的各种因素及其相互关系。

(3) 建立概念模型。在不能建立数学模型的情况下，用结构模型或语言模型描述系统的现状。

(4) 改善概念模型。随着分析的不断深入和学习的加深，进一步用更合适的模型或方法改进上述概念模型。

(5) 比较。将概念模型与现状进行比较，找出符合决策者意图而且可行的改革途径或方案。

(6) 实施。实施提出的改革方案。

2.3　并行工程方法学

2.3.1　并行工程方法学的含义

并行工程(concurrent engineering,CE)是美国在 20 世纪 80 年代末提出的，在计算机集成制造系统(computer integrated manufacturing system,CIMS)和系统工程中发展起来的工程技术。并行工程是集成地、并行地设计产品及其相关过程(包括制造过程和支持过程)的系统方法，其核心内容：强调用户需求，并把用户需求转化为完整的产品要求；交互作用、互相协调的并行研制过程，以便将产品的设计与产品的制造过程和保障过程用系统工程方法综合在一起，从而在产品的整个研制过程中综合考虑其性能、可靠性、维修性、保障性和生产性；建立多学科(多专业)的综合产品研制机制及计算和辅助工程环境。并行工程所体现的主要思想如下。

(1) 约束信息的并行性：设计时同时考虑产品全生命周期的所有因素，同时拟定产品设计规格(或 CAD 文件)和相应的制造和支持过程计划。

(2) 功能的并行性：产品全生命周期所涉及的各功能领域工程活动并行交叉进行。

(3) 集成性：要求实现产品及其过程的一体化并行设计，根本在于研究开发、产品设计、过程设计、制造装配和市场的全面集成。

(4) 协同性:指多学科并行工程小组协同工作,即产品全生命周期中各阶段不同领域技术人员(包括顾客和供应商)的全面参与和协同工作。

(5) 科学性:并行工程采用迄今最为先进的开发工具、方法和技术,如全面质量管理、系统工程方法、质量工程方法、计算机辅助系统等。

并行工程实际上是系统工程原理的深入和应用,也可以说是一种更为广义的优化设计,更加侧重于集成性、协同性、并行性。传统的串行工程方法基于200多年前英国经济学家亚当·斯密提出的劳动分工理论。该理论认为分工越细,工作效率越高。因此,串行工程方法把整个产品开发全过程细分为很多步骤,每个部门和个人只做其中的一部分工作而且是相对独立进行的,他们的工作以职能和分工任务为中心,不一定存在完整的、统一的产品概念。与传统的串行工程不同,并行工程强调设计要面向整个过程或产品对象,只要求达到整体优化和全局目标,并不追求每个部门的工作最优。

2.3.2 并行工程过程设计

并行工程的关键是产品全生命周期中各种相关过程活动的并行进行和协作演进。实际上,相关过程主要包括产品设计、产品制造和支持过程。在制造业的传统组织结构模式下,产品设计部门和过程设计部门是分离的。在这种部门分离的情况下,中间信息不能为部门共享,部门间的通信是通过产品设计规格、过程计划这样的最终输出来实现的。前一部门的输出是后一部门的输入,也是后序过程开始的必要条件。

并行工程则要集成产品全生命周期中的各种工程过程,以保证相应功能、性能、生产性、可靠性等在内的所有因素的整体上最优,获得满意的产品设计。这些被集成的工程过程几乎囊括了企业的主要业务活动,主要有需求工程、产品设计工程(包括产品设计和工艺规划)、制造工程、后勤工程、可靠性工程、可维修性工程、人的因素和安全性工程、价值工程、决策过程、质量工程、经济工程等。并行工程的过程设计方法就是在实现产品和过程设计时并行进行和协作演进。

2.3.3 并行组织管理模式

传统组织管理理论中的一个基本概念是将工作划分成各种专业化的任务,然后根据这些专业化的任务组成不同的部门。一般地,在组织中存在两种类型的专业分工:以组织的等级结构为代表的垂直方向的专业化分工和以部门为代表的水平方向的专业化分工。而并行工程过程要求的信息集成化,将使企业内各组织单位之间的相互关系更加紧密,以至会打乱和冲破传统部门之间的界限划分。信息集成化往往会引起企业内部信息交流渠道的再构造,一方面可以通过企业组织结构的重组来实现,另一方面还可以通过利用先进的计算机技术和通信技术来加强。这样与并行工程过程相应的组织结构应该是一种协作组织结构,有利于促进组织间包括垂直和水平两个方向的通信。垂直方向的集成缩短了信息传递途径,而水平方向的集成则能加强不同领域的融合与协作。因此,并行工程对组织结构的影响表现为向扁平型组织结构演化的趋势。多功能小组是并行工程实施过程中普遍采用的组织结构形式。小组成员来自产品全生命周期相关的主要技术领域,他们共同负责产品从需求分析直到交付使用过程中的所有工作,是一种群体工作模式。这种组织结构形式已经得到普遍的认可,并已在实践中得到成功的应用。

2.3.4　并行工程的实施步骤

并行工程是一种将多个任务并行进行的工程管理方法。它的目标是通过优化资源利用，提高工程效率，以缩短项目的实施周期并提高项目成功的概率。企业实施并行工程牵涉企业组织结构及经营的各个方面，必须按照并行工程管理技术和方法组织实施；在实施并行工程之前，需要明确其实施步骤，以确保项目能够顺利进行。具体实施步骤如下：① 制订并行工程实施计划，初步确定导入并行工程的试验项目，根据项目涉及的功能领域组织并行工程小组；② 确定明确的开发目标；③ 并行工程培训和基础设施准备；④ 分析现有过程；⑤ 按照重组原则改进现有的过程模型；⑥ 实施新过程；⑦ 评价结果并改进。

2.4　综合集成工程方法学

综合集成(meta-synthesis)工程是从整体上考虑并解决复杂问题的方法论，有方法论层次上的和工程技术层次上的。钱学森教授在研究解决开放的复杂巨系统问题时，提出了从定性到定量的综合集成方法(图 2-5)，这是系统工程思想新的重大发展。综合集成方法的实质是把专家体系、数据和信息体系与计算机体系有机结合起来，构成一个高度智能化的人机结合系统。该方法能把人的思维，思维的成果，人的经验、知识、智慧以及各种情报、资料和信息集成起来，从多方面的定性认识上升到定量认识，发挥系统的综合、整体和智能优势。

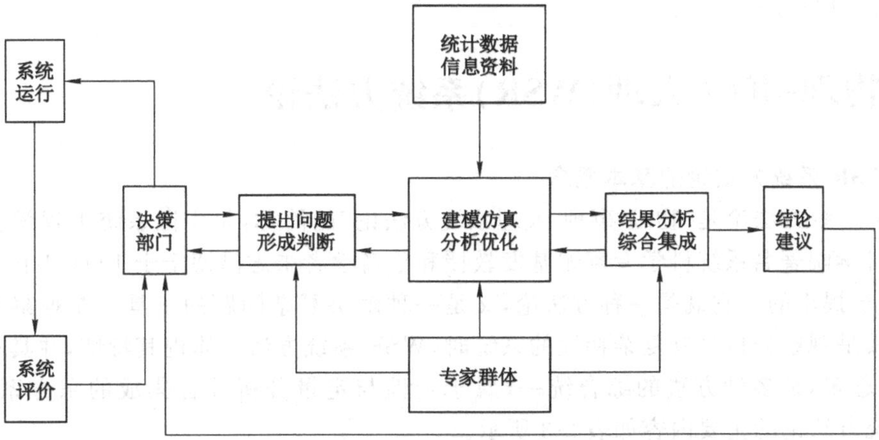

图 2-5　钱学森的从定性到定量的综合集成方法

综合集成工程具有很强的可操作性，运用综合集成工程解决开放复杂巨系统问题的基本步骤和要点如下：

(1) 一个实际问题被提出来后，研究者(或研究小组)首先要充分收集有关的信息资料，调用有关方面的统计数据，作为开展研究工作的基础性准备。这些数据资料包含系统定性、定量特性的信息，没有它们就不可能实现从关于系统的局部定性认识经过综合集成达到关于系统的整体定量认识。

(2) 研究者约请各方面专家对系统的状态、特性、运行机制等进行分析研究，明确问题的症结所在，对系统的可能行为走向及解决问题的途径作出定性判断，形成经验性假设，明确系统的状态变量、环境变量、控制变量和输出变量，确定系统建模思想。

(3) 以经验性假设为前提，充分运用现有的理论知识，把系统的结构、功能、行为、特性、输入输出关系定量地表示出来，作为系统的数学模型，以便用模型研究部分地代替对实际系统的研究。

(4) 依据数学模型将有关的数据、信息输入计算机，对系统行为做仿真模拟试验；通过试验，获得关于系统特性和行为走向的定量数据资料。

(5) 组织专家群体对计算机仿真试验的结果进行分析评价，对系统模型的有效性进行检验，以便进一步挖掘和收集专家的经验、直觉、更深入细致的判断。所谓“即景生情”式的见解，常常是专家面对仿真试验结果时被引导出来和明确起来的。如果再应用虚拟现实技术，可能会有意想不到的效果。

(6) 依据专家的新见解、新判断，对系统模型作出修改，调整有关参数，然后再上机做仿真模拟试验，将新的试验结果再交给专家群体分析评价，根据新一轮的专家意见和判断再次修改模型，再做仿真试验，再请专家群体分析评价，如此反复循环，直到计算机仿真试验结果与专家意见基本吻合为止。最终得到的数学模型就是符合实际系统的理论描述，从这种模型中得出的结论是可信的。

因此，信息技术是实现综合集成的重要手段。利用信息技术的联通性、融合性和整合性，如多维信息的集成和融合、集成型模式识别和智能控制等，是系统综合集成的基本途径。而综合集成是实现大科学、大工程的基本途径，综合集成的关键是解决整体与局部的关系问题，实现 1+1>2。

2.5 物理-事理-人理(WSR)系统方法论

2.5.1 WSR 系统方法论的基本概念

WSR 系统方法论是“物理-事理-人理系统方法论”的简称，是中国系统工程学会原理事长、中国科学院著名系统科学专家顾基发教授和华裔学者朱志昌博士于 1994 年在英国赫尔(Hull)大学提出的。它既是一种方法论，又是一种解决复杂问题的工具。在观察和分析问题时，尤其是观察分析具有复杂特性的系统时，WSR 系统方法论体现其特性，并具有中国传统的哲学思辨，是多种方法的综合统一，属于定性与定量分析综合集成的东方系统思想。WSR 系统方法论的主要内容如表 2-3 所示。

表 2-3 WSR 系统方法论的主要内容

	要素		
	物理	事理	人理
道理	物质实际、法则、规则的理论	管理和做事的理论	人、纪律、规范的理论
对象	客观物质世界	组织、系统	人、群体、人际关系、智慧
着重点	是什么？功能分析	怎么做？逻辑分析	应当怎么做？人文分析
原则	诚实，真理，尽可能正确	协调，有效率，尽可能平滑	人性，有效果，尽可能灵活
需要的知识	自然科学	管理科学、系统科学	人文知识、行为科学

WSR 系统方法论中，物理主要涉及物质运动的规律，通常要用到自然科学知识，回答有

关的物是什么、能够做什么的问题，它需要的是真实性。事理是做事的道理，主要解决如何安排、运用这些物的问题，通常用到管理科学方面的知识，回答可以怎样去做的问题。人理是做人的道理，主要回答应当如何做的问题。处理任何事和物都离不开人去做，以及由人来判断这些事和物是否得当，并且协调各种各样的人际关系。通常要运用人文和社会科学的知识去处理各种社会问题，所以人理常常是主要内容。

WSR 系统方法论认为，在处理复杂问题时，既要考虑对象系统的物的方面(物理)，又要考虑如何更好地使用这些物的方面，即事的方面(事理)，还要考虑认识问题、处理问题、实施管理与决策都离不开的人的方面(人理)。把这三方面结合起来，利用人的理性思维的逻辑性和形象思维的综合性与创造性去组织实践活动，以产生最大的效益和效率。

应该看到，任何社会系统不但由物、事、人所构成，而且它们三者之间是动态的、交互的过程。因此，物理、事理、人理三要素之间不可分割，它们共同构成关于世界的知识，包括是什么、为什么、怎么做、谁去做，所有的要素都是不可或缺的，如果缺少了、忽略了某个要素，则对系统的研究将是不完整的。一个好的领导者或管理者应该懂物理，明事理，通人理；或者说，应该善于协调使用硬件、软件、斡件，才能把领导工作和管理工作做好。也只有这样，系统工程工作者才能把系统工程项目搞好。

2.5.2　WSR 系统方法论的工作过程

WSR 系统方法论的内容易于理解，而具体实践方法与过程应按实践领域与考察对象而灵活变动。该方法论有一套工作步骤，用以指导一个项目的开展。这套步骤大致有以下 6 步，这些步骤有时需要反复进行，也可以将有些步骤提前进行。

① 理解领导意图。这一步体现了东方管理的特色，强调与领导(管理人员、技术决策人员或者一般的用户等)的沟通，而不是一开始就强调个性和民主等。在大多数情况下，总是由领导提出一项任务，其愿望可能是清晰的，也可能是相当模糊的。在该阶段，可能开展的工作是愿望的接受、明确、深化、修改、完善等。

② 调查分析。这是一个物理分析过程，任何结论的做出只有在仔细调查情况之后，而不应在之前。该阶段开展的工作是分析可能的资源、约束和相关的愿望等。一般总是深入实际，在专家和广大群众的配合下，开展调查分析，有可能出具“情况调查报告”一类的书面工作文件。

③ 形成目标。作为一个复杂的问题，往往一开始问题拟解决到什么程度，领导和系统工程工作者都不是很清楚。在领会和理解领导意图以及调查分析、取得相关信息之后，这一阶段可能开展的工作是形成目标。

④ 建立模型。这里的模型可以是数学模型、物理模型、概念模型、运作步骤、规则等。一般通过与相关领域的主体讨论、协商，在思考的基础上形成模型。在这一阶段，可能开展的工作是设计以及选择相应的方法、模型、步骤和规则来对目标进行分析处理，该过程主要是运用物理和事理。

⑤ 协调关系。在处理问题时，由于所拥有的知识、立场、利益、价值观、认知等不同，不同的人对同一个问题、目标或方案往往会有不同的看法和感受，往往需要协调。当然协调相关主体的关系在整个项目过程中都是十分重要的，而在这一阶段显得更重要。相关主体在协调关系层面都应有平等的权利，在表达各自的态度方面也有平等的发言权，包括做什么、怎么做、谁去做、什么标准、什么秩序、为何目的等议题。在该阶段，一般会出现一些新的关

注点和议题，可能开展的工作就是相关主体的认知、利益协调。该步骤体现了东方方法论的特色，属于人理的范围。

⑥ 提出建议。在综合了物理、事理、人理之后，应该提出解决问题的建议。提出的建议首先要可行，其次要尽可能使相关主体满意，最后还要让领导从更高层次去综合和权衡，以决定是否采用。

必须注意到，有时甚至实施结束了也不能算项目完成了，还要进行实施后的反馈和检查等。当然，这样也可以说是进入一个新的 WSR 步骤循环(图 2-6)。

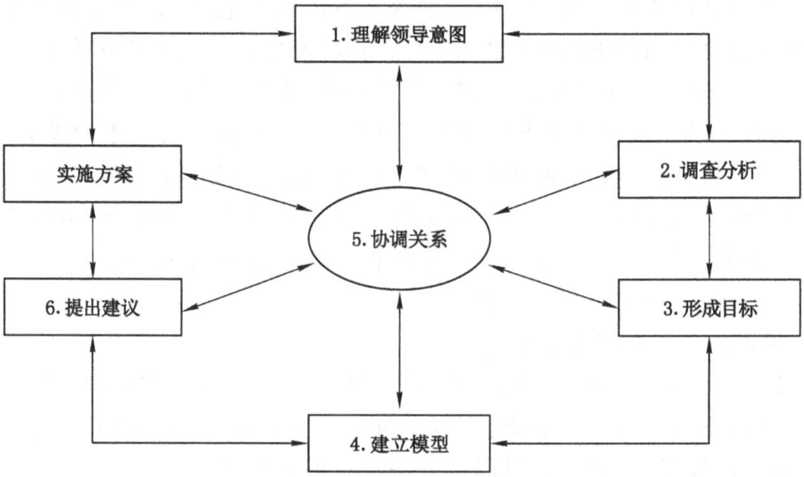

图 2-6　WSR 的工作步骤

在运用 WSR 系统方法论的过程中，需要遵循下列原则：

① 参与，即在整个项目运行过程中，除系统工程人员外，领导和有关的实际工作者都要经常参与，只有这样，才能使系统中的工作人员了解意图，吸取经验，改正错误想法。

② 由于问题涉及各种知识、信息，因此经常需要将它们与专家意见进行综合，集各种意见、方案之所长，相互弥补。

③ 人机结合，以人为主把人员、信息、计算机、通信手段有机结合起来，充分利用各种现代化工具，提高工作能力和绩效。

④ 迭代和学习不强调一步到位，而是时时考虑新信息；对极其复杂的问题，还要“摸着石头过河”。

⑤ 尽管物理、事理、人理三要素彼此不可分割，但是不同的理必须区分对待。

⑥ 开放性，即项目工作的各方面、各环节必须开放。

2.6 “5W1H”方法论

1932 年，美国政治学家拉斯维尔提出“5W 分析法”，之后经过人们的不断运用和总结，逐渐形成了一套成熟的“5W1H”方法论。“5W1H”方法论运用逻辑思维推理的方法对问题进行分析，在分析时往往要提出一系列的“为什么”而使问题得到圆满的解答。可以借用表 2-4 来理解“5W1H”方法论的要点。

表 2-4　“5W1H”方法论的要点

项　　目	要　　点		
	为什么	应该如何	采取什么对策
目的	为什么提出这个问题	应提什么	删去工作中不必要部分
对象	为什么从此入手	应找哪个	
时间	为什么在此时做	应何时做	合并重复的工作内容
地点	为什么在这里做	应在何处做	
人物	为什么由此人或单位做	应由谁做	
方法	为什么这样做	如何去做	使工作尽量简化

“5W1H”方法论针对某个项目、某个任务或某项改革，分别从 why(原因)、what(对象)、where(地点)、when(时间)、who(人员)和 how(方法)等六个方面进行分析并思考，广泛应用于企业管理、生产生活、教学科研等方面。这种思维方法可以将问题分析得更透彻、更全面。

以某省拟新建一座煤矿为例，用“5W1H”方法论对其进行分析。

(1) 要干什么(what)？在研究该煤矿的建立问题时，就是用“5W1H”方法探讨在该省建设煤矿的可行性如何。

(2) 为什么在该省建立煤矿(why)？因为该省自产能源很少，历来靠从外地调进原油和煤炭发电，调进能源受经济、交通运输等影响很大，自己无法掌握主动权。

(3) 何时建设为宜(when)？当前世界屡发能源危机，为保证该省经济的稳定与发展，建设煤矿是刻不容缓的事情。

(4) 何处建厂为宜(where)？经过勘探有足够煤炭资源量地区。

(5) 由何单位承建(who)？由招标项目申报成功单位建设。

(6) 如何进行(how)？流程分为资源勘查(普查、详查、勘探)、项目立项(项目建议书提出、可行性研究、立项申请、初步设计)、项目前期准备(年度投资计划、项目开工报告的审批及施工准备)、项目建设、矿井竣工验收、项目建设后评价。对这些疑问的回答也要随不同阶段而改变。教育学家陶行知还专门增加了 which 和 how much，以便专门讨论通过什么方法途径和需要多少成本的问题，于是有了“6W2H”方法论。因此，这种提问式的分析方法可根据各个不同问题和问题的理解而有所不同。

思　考　题

1. 方法和方法论有什么区别？为什么要研究系统工程方法论？
2. 霍尔和切克兰德的系统工程方法论有什么不同？
3. 并行工程所体现的主要思想是什么？
4. 用具体事例说明方法论层次和工程技术层次上的综合集成。
5. 什么是 WSR 系统方法论？应该怎样懂物理、明事理、通人理？
6. 试用“5W1H”方法论，分析校企联合创办一所矿产资源高效开发利用重点实验室应考虑的问题。

第3章 矿业系统建模

3.1 系统模型概述

模型可以说是现实系统的替代物，是现实系统的理想化抽象或简洁表示；它描绘了现实系统的某些主要特点，是为客观研究系统而发展起来的。系统模型利用模型与原型之间某方面的相似关系，在研究过程中用模型代替原型，通过对模型的研究得到原型的一些信息。这里的相似关系是指两事物无论其自身结构如何不同，其某些属性是相似的。

总之，模型研究具有经济、方便、快速和可重复的特点，它使得人们可以对某些不允许进行试验的系统（如社会、经济系统）进行模拟试验研究，快速显现它们在各种条件下漫长的发展过程，并且很经济，可以重复进行。

模型的本质决定了它的作用的局限性。模型不能代替对客观系统内容的研究，只有在和客观系统研究内容相配合时，模型的作用才能充分发挥。模型是对客体的抽象，由它得到的结论必须拿到现实中再检验，如图 3-1 所示。

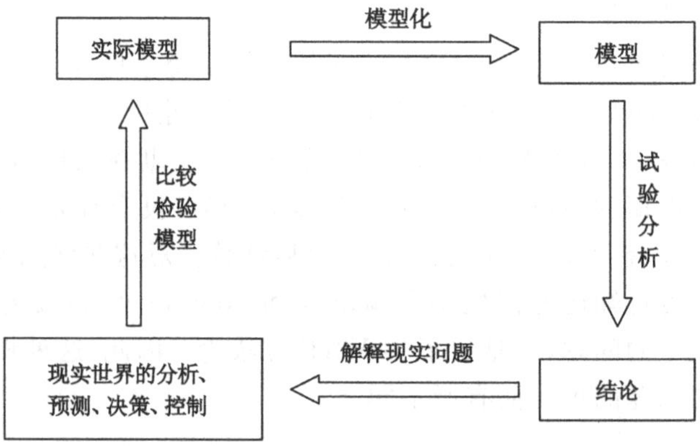

图 3-1　系统模型的作用与地位

3.1.1　系统模型的定义

系统模型是一个系统某一方面本质属性的描述，它以某种确定的形式（如文字、符号、图表、实物、数学公式等）提供关于该系统的知识。

系统模型一般不是系统对象本身，而是现实系统的描述、模仿和抽象。例如：地球仪是地球原型的本质和特征的一种近似或集中反映；矿井开拓系统的学习模型是矿井开拓系统在实验室的一种再现。系统模型反映实际系统的主要特征，高于实际系统而具有同类问题的共性。

3.1.2　系统模型的分类

系统模型按模型的形式通常可分为物理模型、数学模型和概念模型三类，其中，物理模型与数学模型又可分为若干种。物理模型建立在系统之间某些相似性能上，利用有关的物理定律来控制模型；数学模型则用数学符号和等式来表达系统的特征。对于数学模型而言，其求解方法可采用解析方法或数值方法。前者是用数学理论的演绎推理方法求得模型的解，后者则应用一系列的计算程序一步步求解。模型又可划分为静态的与动态的两类，静态模型仅反映系统处于平衡状态时的指标，动态模型则可反映系统行为随时间发展而引起的系统变更。按照系统中行为发生的特点，模型还可划分为确定型的与随机型的两类。后者因有随机性变量参与，所得结果带有随机变动性。

3.1.3　系统模型的要求与特征

3.1.3.1　系统模型的要求

系统模型的要求可以概括为三条，即客观性、简明性、标准化。

(1) 客观性。即系统模型在一定程度上能够较好地反映系统的客观实际，应把系统本质的特征和关系反映进去，而把非本质的东西去掉，但又不影响反映本质的真实程度。也就是说，系统模型应有足够的精度。为满足现实要求，在不同情况下也可以对同一对象提出不同的精度要求。

(2) 简明性。在满足客观性要求的基础上，应尽量使系统模型简单明了，以节约模型搭建与运行的费用和时间。

(3) 标准化。在建立某些系统模型时，如已有某种标准化模型可供借鉴，则应尽量采用标准化模型，或对标准化模型进行某些修改，使其适合对象模型。

以上三条要求往往是相互抵触的，容易顾此失彼。例如，客观性和简明性就常常存在矛盾。如果模型复杂一些，虽然容易满足客观性要求，但建模和求解相当困难，同时可能影响标准化的要求。为此，必须根据对象系统的具体情况妥善处理。一般的处理原则为：力求达到客观性，在客观性的基础上达到简明性，然后尽可能满足标准化。

3.1.3.2　系统模型的特征

构造模型是为了研究原型，通过模型研究把握原型的主要特征。模型是对原型的简化，应当压缩一切可以压缩的信息，力求经济性好、便于操作。因此，一个适用的模型应该具有如下三个特征。

(1) 模型是现实系统的抽象或模仿

这是由于真实系统本身是非常复杂的，有些复杂关系研究需要耗费太多的人力和物力，对研究目的而言也没有很大意义。有些复杂关系也并非以现有能力就能研究透彻的。例如，瓦斯突出的机理，迄今为止，人们对于突出过程中煤岩体破坏与发展机制的认识还停留在定性和假说阶段，对于突出过程中哪些因素起主要作用以及其他因素的作用机理还把握不准，还不能形成统一完整的理论体系。

(2) 模型要反映系统本质或主要因素构成

既然模型是对现实系统的抽象或模仿，那么在有限的资源下最有效地对现实系统进行模拟，就成为建模的主要任务。这就要求建立的模型能反映系统的本质特征。

(3) 模型要集中体现主要因素之间的关系

作为一个复杂系统，各主要因素之间必然是相互联系、相互作用的。如矿井系统的各条巷道之间是相互联系、相互制约的，这种相互作用的关系成为复杂系统的一个重要特征。模型作为现实系统的抽象，必然要将其相互关系反映出来。

3.1.4 系统建模的原则

系统建模应遵循如下原则。

(1) 抓住主要矛盾(切题)

建模都是针对某一目的而言的，建模只有在一定的目的指引下才有方向。所以，建模时只应包括与研究目的有关的方面，抓住问题的主要方向，而不是囊括对象系统的所有方面。例如，对矿井运输系统的研究，建模者就只需要考虑井下运输巷道路线，无须考虑煤炭到地面后的加工和运输。

(2) 力争清晰明了

在现实生活中，需要研究的对象往往是非常复杂的大系统，如社会经济系统、环境系统等。一个大型复杂系统是由许多联系密切的子系统组成的，而且子系统有时也包含自身的子系统，层层叠加，从而使系统结构非常复杂，给研究带来了很大的难度。这就要求人们在建模时，子模型与子模型之间，除了保留研究目的所必需的信息联系外，其他的耦合关系要尽可能减少，以保证模型结构尽可能清晰明了。

在矿井生产系统中，如果把矿井所有的信息全部标注在一张图上，此时，矿井系统看上去很齐全，事实上却一点也看不清楚，即无法利用模型分析对象，故这个模型其实并不是最佳的。当然，现在的矿井系统可以根据对信息的不同要求，选择不同的图层，从而满足各种用户的需求。

(3) 精度要求适当

精度要求是一个重要方面，精度高低对系统模型有重要影响。然而，并非精度越高越好。建立系统模型时，应视研究目的和使用环境不同，选择适当的精度等级，以保证模型切题、实用，而又不致花费太多。

(4) 尽量使用标准化模型

在建立一个实际系统的模型时，应该先大量调阅模型库中的标准化模型，如其中某些可供借鉴，不妨先试用一下。如能满足要求，就应该使用标准化模型，或者尽可能向标准化模型靠拢。这样有利于比较分析，也有利于节省费用和时间。

3.1.5 系统建模的方法

系统建模是一种创造性的劳动。根据系统对象的不同，系统建模的方法可分为推理法、试验和统计分析法、类似法、混合法等。

(1) 推理法

对内部结构和特征已经清楚的系统，即所谓的“白箱”系统(如大多数的工程系统)，可以利用已知的物理、化学、经济定理，经过一定的分析和推理，得到系统模型。

(2) 试验和统计分析法

对那些内部结构和特性不清楚或不很清楚的系统，即所谓“黑箱”或“灰箱”系统，如果允许进行试验性观察，则可以通过试验方法测量其输入和输出，然后按照一定的辨识方法，得到系统模型。对于那些属于“黑箱”系统，但又不允许直接进行试验观察的系统(如非工程系统多数属于此类)，可以采用数据收集和统计分析的方法建造系统模型。

(3) 类似法

类似法即建造原系统的相似模型(类似模型)。有的系统,其结构和性质虽然已经清楚,但其模型的数量描述和求解困难;此时如果有另一种系统,其结构和性质与之相同,则建造出来的模型也类似,而该模型的建立及处理要简单得多,我们就可以把后一种系统的模型看作原系统的相似模型。利用相似模型,按对应关系就可以很方便地求得原系统的模型。例如,很多机械系统、气动力系统、水力学系统、热力学系统与电路系统之间某些现象彼此相似,特别是通过微分方程描述的动力学方程基本一致,因此可以利用研究得很成熟的电路系统来构造上述系统的相似模型。

(4) 混合法

通常情况下,大部分系统模型的建立往往是上述几种方法综合运用的结果。应该指出的是,这些方法只能供系统建模者参考,而要真正解决系统建模问题还必须充分发挥人的创造力,综合运用各种科学知识,针对不同的系统对象,或者建立新模型,或者巧妙地利用已有模型,或者改造已有模型,构造出更加适用的系统模型。

3.2　矿业系统模型

常用的矿业系统模型可分为数学模型(矿井布局问题)、物理模型(相似模拟)、数值模型(数值模拟)、数字模型(智慧矿井可视化管控)。

3.2.1　数学模型

数学模型是指运用数理逻辑方法和数学语言构建的科学或工程模型。数学模型可以是一个或一组代数方程、微分方程、差分方程、积分方程或统计学方程,也可以是它们的某种适当的组合,这些方程可定量或定性地描述系统各变量之间的相互关系或因果关系。除了用方程描述的数学模型外,还有用其他数学工具,如代数、几何、拓扑、数理逻辑等描述的模型。需要指出的是,数学模型描述的是系统的行为和特征,而不是系统的实际结构。

3.2.1.1　数学模型的构建步骤

数学模型的建立往往要采用推理法,其一般步骤为:① 明确目标;② 找出主要因素,确定主要变量;③ 找出各种关系(内含的科学定律);④ 明确系统的资源和约束条件;⑤ 用数学符号、公式表达各种关系和条件;⑥ 代入数据进行“符合计算”,检查模型是否可反映研究的问题;⑦ 简化和规范模型的表达形式。

3.2.1.2　数学模型的修正与简化

由于现实系统的复杂性和易变性,往往需要修正现有的模型。有时建立的模型过于复杂,求解困难,就要把模型加以简化与近似。通常,对模型进行修正与简化的方法如下。

(1) 去除一些变量,如应用优选法模型时,如果变量太多,试验次数就会大大增加;此时根据已有的经验,抓住其中一两个主要变量进行优选试验,往往可以事半功倍。

(2) 合并一些变量,即把性质类同的一些变量合并成一个变量,以减少变量的数目。

(3) 改变变量的性质,通常采用的办法有:把某些变量看作常量,把连续变量看作离散变量或把离散变量看作连续变量,限定变量在一定范围内取值,等等。

(4) 改变变量之间的函数关系,如把非线性关系近似为线性关系可以简化问题。但是,自组织理论告诉我们,对线性化要保持警惕性,如果在线性化求得解答之后能尝试求解原来的非线性问题,也许会有意外收获。在随机模型中,也常用一些熟知的概率分布函数,如正态分布、指数分布函数等，代替那些不太好处理的概率分布函数。

(5) 改变约束，即增加某些约束，或去掉某些约束，或对约束进行一些修改。一般地，增加约束后得到的解答偏低，称为保守的或悲观的解。减少约束后得到的解答偏高，称为冒进的或乐观的解。虽然两者都不是真正的解，但是可以得出解的范围，这在对系统进行初步估计时是很有用处的。

3.2.1.3 数学模型在矿业工程中的应用示例

规划模型是数学模型的典型例子，在矿业工程领域具有广泛的应用。规划模型包括目标函数与约束条件两个方面，归纳起来有两类：第一，对给定的人力、物力、财力等资源进行规划，以实现利润最高；第二，对给定的任务进行规划，争取用最少的人力、物力、财力等资源去完成它，即实现成本最低。露天煤矿常用线性规划和动态规划的最优化理论和方法处理卡车调度问题。

采煤半连续工艺系统卡车调度数学模型采用定铲配矿和随机配车相结合的方式，即电铲固定在铲点而分配的卡车和卡车的路线以及目标破碎站可以不固定，当卡车在某一线路上完成运输任务后可以到其他路线上运输而与其他的铲车与破碎站搭配；并以卡车与破碎站总运输费用最低为目标函数，电铲装车能力、破碎站的破碎能力、煤质搭配、电铲装车时间、破碎物料连续性作为约束条件建立数学模型。

(1) 模型假设

① 运输过程中卡车不会出现故障、堵车、停车现象，路况理想，卡车以恒速行驶；

② 该段时间内半固定破碎站、电铲的位置不会变化；

③ 卡车在装卸时不会出现等待现象；

④ 运煤卡车车型相同，卡车装载时，每台卡车均以额定载重装满；

⑤ 在卡车调度分析中将破碎站的各个组成部分——料仓、板式给料机和破碎机视作整体。

(2) 目标函数

单位时间内卡车与破碎站费用之和最小：

$$C=\min\left[\sum_{h=1}^{k}\left(\sum_{i=1}^{m}\sum_{j=1}^{n}s_{ij}x_{hij}w_{h1}+\sum_{i=1}^{m}\sum_{j=1}^{n}s_{ji}x_{hji}w_{h2}+s_h w_{h0}\right)+\sum_{j=1}^{n}f\left(\sum_{h=1}^{k}\sum_{i=1}^{m}x_{hij}\right)\right]$$

式中 k ——卡车总数量，台；

m ——实际工作的电铲数量，台；

n ——破碎站数量，台；

s_{ij} ——第 i 台电铲到第 j 个破碎站的距离，m；

s_{ji} ——第 j 个破碎站到第 i 台电铲的距离，m；

x_{hij} ——第 h 辆卡车由第 i 台电铲到第 j 个破碎站行驶的车次数，次；

x_{hji} ——第 h 辆卡车由第 j 个破碎站到第 i 台电铲行驶的车次数，次；

w_{h1} ——第 h 辆卡车的重车单位长度的运输和设备的损耗费用，元；

w_{h2} ——第 h 辆卡车的空车单位长度的运输和设备的损耗费用，元；

s_h ——第 h 辆卡车的总运行距离，m；

w_{h0} ——第 h 辆卡车运行单位长度距离时，所需要的辅助工程车辆的维护费用及路面的维护费用，元；

f ——第 j 个破碎站的破碎费用，元。

(3) 约束条件

① 电铲装车能力约束

$$E_{i0} \leqslant \sum_{h=1}^{k}\sum_{j=1}^{n} w_h x_{hij} \leqslant E_i \quad (i=1,2,\cdots,m)$$

式中　w_h ——第 h 辆卡车的载重，t；

E_{i0} ——第 i 台电铲的最小装载能力，t；

E_i ——第 i 台电铲的最大装载能力，t。

② 破碎站的破碎能力约束

$$F_{j0} \leqslant \sum_{h=1}^{k}\sum_{i=1}^{m} w_h x_{hij} \leqslant F_j \quad (j=1,2,\cdots,n)$$

式中　F_{j0} ——第 j 个破碎站在该段时间内的最小破碎量，t；

F_j ——第 j 个破碎站在该段时间内的最大破碎量，t。

③ 煤质约束

$$Q_{j1} \leqslant \frac{\sum_{h=1}^{k}\sum_{i=1}^{m} z_i x_{hij}}{\sum_{h=1}^{k} x_{hij}} \leqslant Q_{j2} \quad (j=1,2,\cdots,n)$$

式中　Q_{j1} ——第 j 个破碎站的煤质下限；

Q_{j2} ——第 j 个破碎站的煤质上限；

z_i ——第 i 台电铲的煤质。

④ 电铲装车时间约束

$$\sum_{h=1}^{k}\sum_{j=1}^{n} x_{hij} \leqslant \frac{60T_i}{T_{i1}} \quad (i=1,2,\cdots,m)$$

式中　T_{i1} ——第 i 台电铲平均装车时间，min；

T_i ——第 i 台电铲总工作时间，h。

⑤ 破碎物料连续性约束

$$0 \leqslant \sum_{h=1}^{k}\sum_{i=1}^{m} x_{hij}(t) - \int_0^t v(t)\,\mathrm{d}t \leqslant \frac{\rho V}{w_h}$$

式中　$x_{hij}(t)$ ——t 时刻第 h 辆卡车由第 i 个铲点到第 j 个破碎站的车次数，次；

$v(t)$ ——t 时刻破碎站运行时能达到的最大破碎能力，t/h；

ρ ——煤的密度，t/m^3；

V ——料仓容量，m^3。

3.2.2　物理模型

物理模型是为便于对实际物理问题进行研究而建立的高度抽象的理想化实体、理想化过程等。例如，力学中的质点、单摆、匀速直线运动、匀变速直线运动、自由落体运动、抛体运动、简谐振动、匀速圆周运动等都是物理模型。

3.2.2.1　物理模型的产生和作用

模型是形成物理概念、建立物理规律的基础。用物理模型可以使抽象的假说理论加以形象化，便于想象和思考研究问题。物理学的发展过程，可以说就是一个不断建立物理模型和用新的物理模型代替旧的或不完善的物理模型的过程。

运用物理模型可以简化和纯化研究对象及其过程。在研究一些实际问题时，有些对象或过程与某些物理模型比较接近，在一定的场合或条件下，可以当作物理模型来处理，从而抓住问题的核心和主要因素以及本质特征，暂时撇开次要的因素和非本质的特征，从而可方便对物理问题的处理。

运用物理模型有利于发挥想象力和物理抽象能力。从宏观世界中的天体的运行到微观世界中的分子、原子、基本粒子的运动一般都是比较复杂的，只有采用适当的物理模型来分析，才能发挥物理抽象思维的作用。

3.2.2.2 物理模型的构建步骤

对于建模，很难给出一个严格的步骤。建模的效果主要取决于对问题的理解，建模人员的洞察力、受到的训练和掌握的建模技巧。建模的基本步骤如下：

(1) 明确建模的目的和要求，以便使模型满足实际要求，不致产生太大偏差。

(2) 对系统进行一般语言描述。系统的语言描述是进一步确定模型结构的基础。

(3) 弄清楚系统中的主要因素（变量）及其相互关系（结构关系和函数关系），以便使模型准确地表示现实系统。

(4) 确定模型的结构。这一步决定模型定量方面的内容。

(5) 估计模型的参数，用数量来表示系统中的因果关系。

(6) 试验研究。对模型进行试验研究，进行真实性检验，以验证模型与实际系统的符合性。

(7) 必要修改。根据试验结果，对模型作必要的修改。

3.2.2.3 物理模型在矿业工程中的应用示例

冲击地压是一种典型的煤岩动力灾害，随着煤矿地质开采条件不断恶化，冲击地压灾害的扩大态势愈发明显。冲击地压的影响因素众多，以往回采速度作为众多开采技术影响因素之一，其对冲击地压的影响往往易被弱化。回采速度变化直接影响基本顶的下沉量及下沉速度。工作面高速推进会引起顶板下沉速度的突然变化，导致基本顶-支承压力影响下的煤体系统突然失稳，能量释放由静态、准静态转换为动态，结合现场煤层自身的冲击倾向性，很容易诱发冲击。

随着长壁工作面的开采，煤层上覆岩层将由下至上分层垮落、弯曲下沉。受重力作用的影响，开采后的顶板将呈“O-X”形破断，剖面上形成采场覆岩运动的“三带”分布，大采高及综放工作面采煤后遗留的巨大空间远不能被直接顶垮落后的破碎煤岩及时充填，从而造成基本顶及低位关键层破断后因下方自由空间较大而不能触矸稳定；因此，基本顶及低位关键层往往以“悬臂梁”形式破断，垮落带可进一步细分为上部规则坚硬岩层断裂块和下部杂乱直接顶破碎岩石，而较高位关键层因回转下沉量逐渐减小而呈现“砌体梁”式破断运动。厚煤层综放开采覆岩空间结构如图 3-2 所示，由下而上覆岩破断方式分为两类：① “悬臂梁”式破断，位于垮落带内，破断后不能触矸；② “砌体梁”式破断，位于裂缝带内，该类岩层破断又细分为未触矸破断和触矸后破断。

3.2.3 数值模型

3.2.3.1 数值模型的定义

数值模型是利用变量、等式和不等式以及数学运算等数学符号和语言规则来描述事物

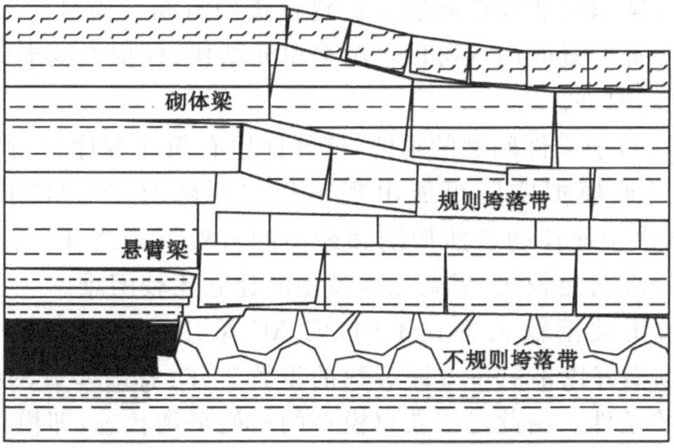

图 3-2　厚煤层综放开采覆岩空间结构示意

的特征以及内在联系的模型。小到数学结构表达式，大到一个带图片、视频、音效的可交互的游戏工程，都可以叫作数值模型。用一句话理解数值模型，就是用“数学”的方法建立的模型。

3.2.3.2　数值模型的建立

数值模型是通过各种数值模拟方法和软件所构建的。数值模拟也叫计算机模拟，依靠电子计算机，结合有限元或有限容积的概念，通过数值计算和图像显示的方法，达到对工程问题和物理问题乃至自然界各类问题研究的目的。常用的数值模拟软件有 MATLAB、FLAC3D、UDEC、3DEC、RFPA、ANSYS 等。

(1) MATLAB

MATLAB 是美国 MathWorks 公司出品的商业数学软件，用于数据分析、无线通信、深度学习、图像处理与计算机视觉、信号处理、机器人、控制系统等领域。该软件主要面对科学计算、可视化及交互式程序设计的高科技计算环境。它将数值分析、矩阵计算、科学数据可视化以及非线性动态系统的建模和仿真等诸多强大功能集成在一个易于使用的视窗环境中，为科学研究、工程设计以及必须进行有效数值计算的众多科学领域提供一种全面的解决方案。

MATLAB 的优点：高效的数值计算及符号计算功能，能使用户从繁杂的数学运算分析中解放出来；具有完备的图形处理功能，能实现计算结果和编程的可视化；友好的用户界面及接近数学表达式的自然语言，使学习者易于学习和掌握；功能丰富的应用工具箱(如信号处理工具箱、通信工具箱等)，为用户提供大量方便实用的处理工具。

(2) FLAC3D

FLAC3D(fast lagrangian analysis of continua in 3D)是由美国 ITASCA 公司开发的连续介质力学分析软件。该软件基于有限差分法原理，是二维的有限差分程序 FLAC2D 的拓展，能够模拟计算三维岩土体及其他介质中工程结构的受力与变形状态。

FLAC3D 的优点：模拟塑性破坏和塑性流动采用的是“混合离散法”。这种方法比有限元法中通常采用的“离散集成法”更为准确、合理；即使模拟的系统是静态的，仍采用动态运动方程，这使得软件在模拟物理上的不稳定过程时不存在数值上的障碍；采用一个“显式解”方案。因此，显式解方案对非线性的应力-应变关系的求解所花费的时间几乎与线性本构关系相同，而隐式求解方案求解非线性问题会花费较长的时间。而且它没有必要存储刚度矩阵，这就意味着采用中等容量的内存可以求解多单元结构，模拟大变形问题并不会比小变形问题多消耗太多的计算时间。

FLAC3D 的缺点：对于线性问题的求解，该软件比有限元程序运行得要慢。因此，当求解大变形非线性问题或模拟实际可能出现不稳定问题时，FLAC3D 是最有效的工具；FLAC3D 求解时间取决于最长的自然周期和最短的自然周期之比。而且模型对某些问题的求解是无效的；前处理功能较弱，复杂三维模型的建立比较困难。

与大多数程序采用数据输入方式不同，FLAC 采用的是命令驱动方式。为了建立 FLAC 计算模型，必须做好以下三个方面参数的设置工作：有限差分网格、本构特性与材料性质、边界条件与初始条件。由此可以获得模型的初始平衡状态，即模拟开挖前的原岩应力状态。然后进行工程开挖或改变边界条件来进行工程的响应分析。

(3) UDEC、3DEC

UDEC(universal distinct element code)即通用离散单元法程序，是一款利用显式解题方案为岩体工程提供精确有效分析的工具，显式解题方案为不稳定物理过程提供稳定解，并可以模拟对象的破坏过程。该软件特别适合于模拟节理岩石系统或者不连续块体集合体系在静力或动力载荷条件下的响应。

3DEC(3 dimension distinct element code)即三维离散单元法程序，是一款以离散单元法作为基本理论来描述离散介质力学行为的计算分析程序。概括来讲，3DEC 程序承袭了 UDEC 的基本核心思想，本质上是对二维空间离散介质力学描述向三维空间延伸的结果。与 UDEC 程序一致，3DEC 以朴素的思想看待介质离散构成特征，将其视为连续性特征(如岩块)和非连续性特征(如结构面)两个基本元素的集合统一体，并以成熟力学定律分别定义这些基本元素的受力变形行为。3DEC 采用凸多面体来描述介质中连续性对象元素(如岩块)的空间形态，并通过若干凸多面体组合表达现实存在的凹形连续性对象；此外，非连续性特征(如结构面)则以曲面(三角网)加以表征。

在特定条件下，3DEC 程序亦可蜕化为 UDEC 程序，尽管 3DEC 的开发初衷是描述三维空间离散介质的力学行为，但程序同样具备二维空间及平面分析能力，如 3DEC 同时提供平面应力、平面应变分析解决手段。如将介质理想地看作完全连续体，此时 3DEC 程序可蜕化为 FLAC/FLAC3D 等连续介质力学分析方法，只描述连续性对象即可，即 3DEC 程序可以在连续介质力学与非连续介质力学分析功能之间切换，表现出强大的通用程序特征。

(4) RFPA

RFPA(realistic failure process analysis)即真实破裂过程分析，是基于真实 RFPA 方法(即真实破裂过程分析方法)研发的一款能够模拟材料渐进破坏的数值试验程序。其计算方法基于有限元理论和统计损伤理论，该方法考虑了材料性质的非均匀性、缺陷分布的随机性，并把这种材料性质的统计分布假设结合到数值计算方法(有限元法)中，对满足给定强度准则的单元进行破坏处理，从而使非均匀性材料破坏过程的数值模拟得以实现。

3.2.3.3 数值模型在矿业工程中的应用示例

在开采沉陷及采矿工程的数值模拟研究中，三维离散单元法程序 3DEC 是主流软件之一。通常，在进行数值模拟之前，应先建立与模拟区域地表及地下岩层相一致的计算模型。当前，由于建模技术方法的限制，很多研究者在数值模拟计算中较少考虑实际地形起伏变化对数值模拟结果的影响。对于平原地区，不考虑地形影响是基本可行的；但在丘陵区或山区，由于地形起伏较大，如果不考虑地形变化的影响、计算模型过于简化，则模拟结果会与现场实测结果存在较大误差，严重影响数值模拟计算的进度及结果的可靠性。针对复杂地形数值建模问题，采用一种基于等高线的复杂地形三维离散单元法数值模型建模方法，可对任一复杂地形区域进行高精度的数值建模，所建模型地表曲面与实际地形表面偏差很小，且其智能化程度较高、建模速度快，便于推广应用。

数值建模基本步骤：① 获取所要建模区域的数字地形图(DWG 格式)；② 在数字地形图上加密高程点；③ 加密高程点后，利用 AutoCAD 软件进行三维空间信息提取(高程点的三维信息：x、y、H)，并保存；④ 利用提取的高程点信息进行地表曲面样条插值，然后用 MATLAB 软件绘制建模区域的地表三维图形，并将插值后的拟合面网格节点所对应的平面坐标及高程值输出；⑤ 利用第④步的结果，建立研究区三维数值模型。技术流程如图 3-3 所示。

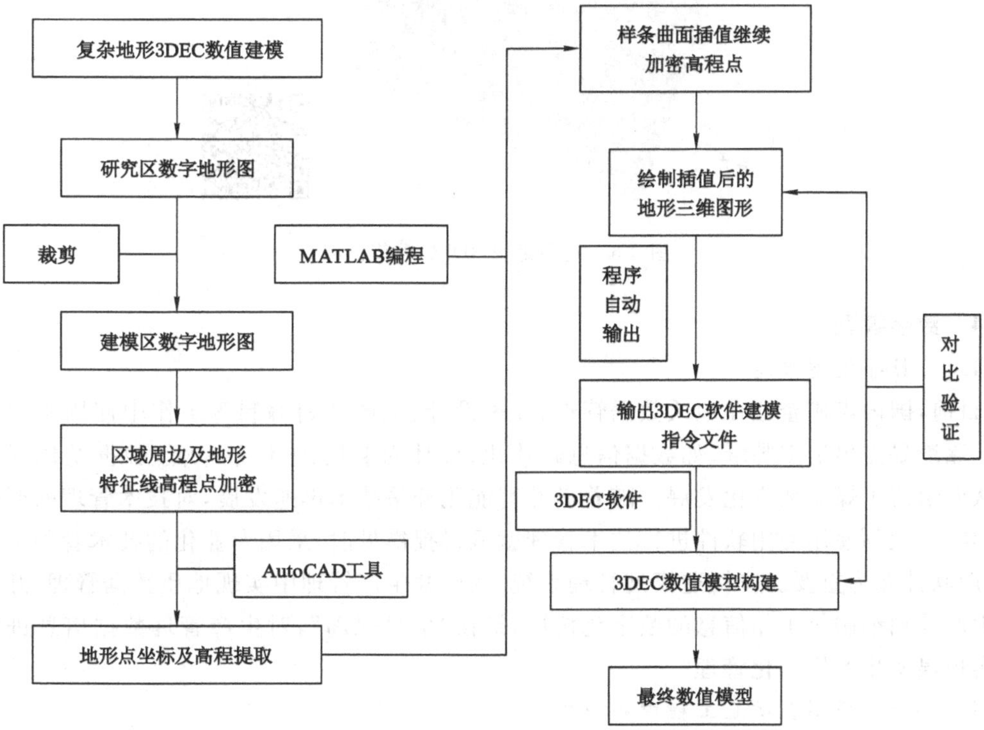

图 3-3　复杂地形 3DEC 数值建模技术流程

数值建模关键流程：① 地表高程点加密与信息提取；② 地表高程点样条插值。样条插值后绘制的三维地形表面图如图 3-4 所示(扫描图中二维码获取彩图，下同)。

上述步骤完成之后，用 MATLAB 语言编写程序模块，将经过样条曲面插值后的所有高程点三维空间信息，按照 3DEC 软件可识别的命令格式输出到一个 TXT 文件。打开数值模拟软件 3DEC，导入 TXT 文件并执行，即可建立相应的建模区域的三维数值模型，如图 3-5 所示。

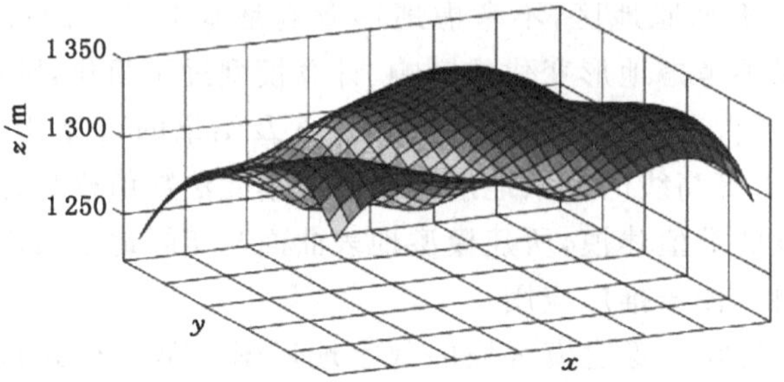

图 3-4　样条插值后绘制的三维地形表面图

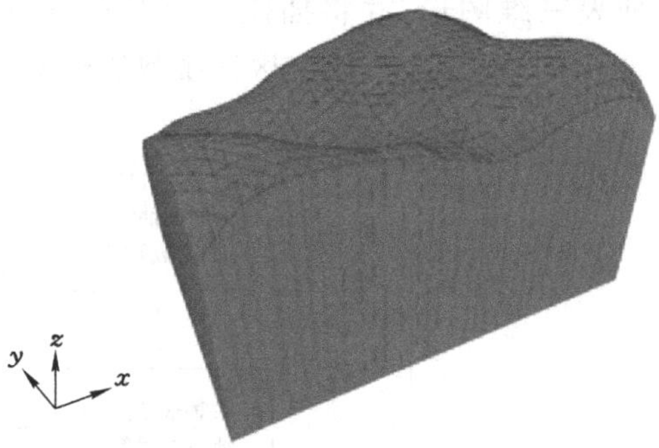

图 3-5　复杂地形 3DEC 数值模型

3.2.4　数字模型

3.2.4.1　数字模型概述

目前，国内煤矿企业在地质数据管理、开采设计、生产计划编制等工作中使用基础通用软件，逐渐暴露出诸多弊端，如数据信息碎片化、设计周期长、工作效率低、数据挖掘深度浅等，从而阻碍了煤矿数字化发展。随着矿井智能化开采技术迅速发展，对技术管理的要求越来越高，工程师使用通用软件进行技术管理就显得捉襟见肘，采用专业化的技术管理工具替代通用软件尤为重要。应构造模型管理系统，在矿井生产管理中实现地质数据管理、开采设计、生产计划编制等工作信息的数字化传递，链接“信息孤岛”，对生产管理数据信息进行融合，实现煤矿生产模型化管理。

3.2.4.2　数字模型在矿业工程中的应用

煤矿生产模型管理系统充分利用空间分析、数据挖掘、虚拟现实、可视化、网络和科学计算技术，为矿山资源精确化管理、矿山规划、采矿设计、生产计划的模拟、仿真和分析，提供新的技术平台和强大工具。该系统在矿井生产管理方面具有用人少、工作效率高、规划指导性强、各专业协同运作等优点，可实现煤矿地质数据管理、开采设计、生产计划编制等生产活动的模型化管理。

（1）系统构成

该模型系统主要由地质数据库、地质模型、开采设计模型和计划模型构建而成。系统构成示意图如图 3-6 所示。

（2）系统功能

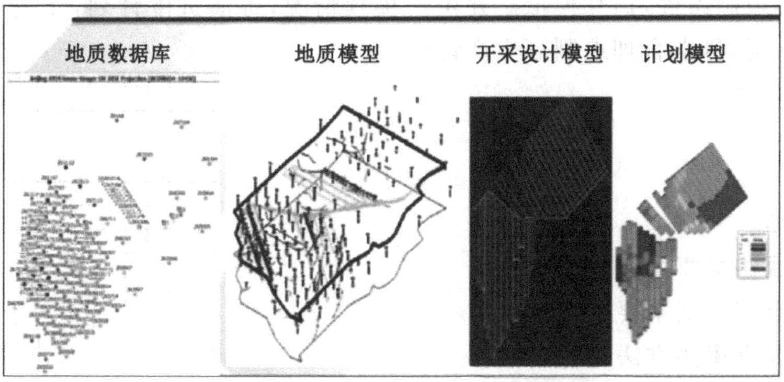

图 3-6　煤矿生产模型管理系统构成示意图

① 地质数据库。地质数据库作为模型管理系统的数据“入口”，可实现钻孔数据安全管理。该软件用于地质资料数据收集、校验、浏览和报告功能的数据管理系统。软件可将钻孔数据可视化，将钻孔岩性属性在视窗内直观显示；还提供强大的数据校验功能，确保钻探数据准确性；共享的存储系统可以确保数据的安全性。

② 地质模型。建立地质模型，实施矿井地质管理、构造解译等相关工作。该软件采用快速高效的建模技术，读取数据库中钻孔文件及各种物探、巷探数据并进行模拟运算，建立三维地质模型。地质工程师利用地质模型可全方位地观察煤层赋存情况，方便快捷地进行区域的储量计算，煤质煤厚区域划分，等高(厚)线、煤层分叉线、任意煤层剖面图等图纸的绘制及输出；同时软件可支持多种格式的地质数据输出，为开采模型建立提供煤岩层的网格数据。

③ 开采设计模型。软件兼具 AutoCAD 常规绘图功能的同时，增加了适用于煤矿开采设计的专业菜单栏，能够快速进行矿井设计，可极大地提高工作效率，并将地质模型与开采设计进行数据耦合，形成采掘数据单元。开采设计模型将开采设计绘图工作时间由原本的几小时缩短至几分钟，并为计划模型提供基础单元数据。

④ 计划模型。软件用于编制矿井生产计划及对未来开采计划方案的模拟。软件将开采设计和地质数据融合，结合可预见性地质情况、生产组织等影响因素基于开采逻辑模拟矿井采掘接续，并以动画的形式演示矿井今后的生产接续状况；支持人工动态修正生产计划，实现了生产计划编制的可视、可控、可调。软件将生产计划编制时间由原本的几天缩短至几个小时，提高了工作效率；可多场景、全因素、长周期地模拟采掘计划方案，寻找最优采掘接续计划，为企业决策者提供矿山全生命周期采掘接续计划方案。

(3) 系统特点

① 系统运行环境依托云服务平台，从而可降低系统对终端硬件的要求，提高运行速度和数据安全性，也便于模型更新和维护。

② 地质数据多维度融合。使用钻探、物探和生产实际揭露的巷探数据等修正地质模型，提高地质模型精确度，满足煤矿生产需求。

③ 使用专业煤矿开采设计软件进行开采设计，地质模型与开采设计进行数据耦合，形成采掘块段的数据单元；链接了地质信息与开采设计间的信息“孤岛”。

④ 在开采模型数据基础上，根据开采逻辑、采掘设备在不同条件下的生产效能、生产组

织和采掘影响因素等限制条件，逼真模拟矿井生产接续情况，推演进度计划，让决策者快速了解未来矿井运行状况，科学合理地制订生产计划。

思 考 题

1. 何谓系统模型？
2. 系统模型有哪些主要特征？
3. 对系统模型有哪些基本要求？
4. 系统建模主要有哪些方法？
5. 简述常用的矿业系统模型种类，并举例说明其应用场景。

第4章　矿业系统分析

4.1　系统分析概述

系统分析是从运筹学派生出来的。系统分析把研究对象视为一个系统，将它从外部环境中分离出来而使其成为一个独立的整体，并明确系统中的各个子系统及其相互作用。将系统从外部环境中分离的分界线即系统边界。有了系统边界，就能对系统进行外部的环境分析和内部的功能分析及结构分析。环境分析主要分析外部环境与系统的相互影响，找出环境对系统输入的影响规律和系统的响应规律，同时分析系统与环境的相互影响的适应性。功能分析根据系统的总体功能要求，进一步做功能分解，直至明确各功能单元及其之间的关系。结构分析要找出组成系统的要素、要素之间的关系、要素分布的层次等主要内容，揭示系统组成的性质和规律。这三个方面的分析，都要围绕系统的目标。所以，系统分析首先要明确系统所要实现的目标，即目标分析。为了确定系统的目标，必须在收集、分析、处理所获得的信息资料的基础上，对系统的目的、功能、环境、费用、效益等问题进行科学的分析。

4.1.1　系统分析的定义

一般来说，系统分析是指从系统总体出发，对需要改进的已有系统或准备创建的新系统使用科学的方法和工具，对系统目标、功能、环境、费用、效益等进行调查研究，并收集、分析和处理有关资料和数据，据此建立若干备用方案和必要的模型，进行模拟、仿真试验，将试验、分析、计算的各种结果进行比较和评价，并对系统的环境和发展作出预测，在若干选定的目标和准则下，为选择对系统整体效益最佳的决策提出理论和试验。

系统分析是一种辅助决策工具。借助系统分析，决策者可以获得对问题的综合和整体的认识，既不忽略内部各因素的相互关系，又能顾及外部环境变化带来的影响。特别是系统分析借助各种模型、模拟试验和定量计算，可以为决策者提供可靠的数据依据。显然，科学的系统分析可使决策者在科学的基础上，以最有效的决策解决复杂的问题，顺利地实现系统的各项目标。系统分析的目的和作用如图 4-1 所示。

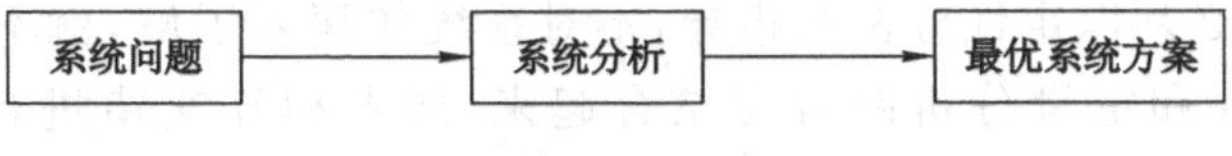

图 4-1　系统分析的目的和作用

4.1.2　系统分析的基本要素

系统分析的基本要素有 7 个，分别为目标、备选方案（可行性方案）、费用、模型、效果、准则和结论。

（1）目标：是指为了达到一定的目的而对系统对象设计所期望的结果和方向，是目的的具体化，是系统分析的出发点。经过分析确定的目标应是具体的、有根据的、可行的。

（2）可行性方案：一般情况下，为达到一定的目的和所期望的目标，可采用多种手段，这些手段为可行性方案。可行性方案是优选的前提，在列举各种方案时要考虑两点：一是所运用的方法是否可行；二是所采用的方案是否可靠。

（3）费用：为实现系统目标就必须投入，其实际支出就是费用。费用有用货币表示的费用和非货币支出的费用两种。

（4）模型：模型是对研究对象的某一方面本质属性的简化、模拟和抽象，是分析研究对象的有关因素之间关系和规律的有力工具。

（5）效果：效果是指达到目的所取得的成果，它有“效益”和“有效性”两种指标。效益可以用货币表示，而有效性是通过货币以外的指标衡量的。效益又有直接效益和间接效益之分。费用与效果的分析与比较是决定方案取舍的重要内容。

（6）准则：准则是目标的具体化，是系统价值的度量，用以评价各种可行方案的优劣。准则必须定得恰当，而且要便于度量才行。

（7）结论：结论就是系统分析得到的结果，如报告、建议、意见等。对其要求主要是：一定不要用难懂的术语和复杂的推导，而要让领导者容易理解和使用。结论的作用只是阐明问题与提出处理问题的意见和建议，而不是提出主张与进行决策。因此，结论只有经过领导者的决策后，才能付诸行动，发挥它的社会效益和经济效益。

4.1.3 系统分析的原则

系统的性质取决于系统的要素以及要素之间的相互关系，又受到环境的影响，关系错综复杂，存在许多矛盾的因素。因此，在系统分析时，必须认真协调和处理各种因素的相互关系，特别是对复杂系统进行分析时，应遵循下列原则。

（1）外部条件和内部条件相结合。系统的性能不仅取决于系统的内部结构，还受到环境条件的制约。在分析一个系统时，应将系统内部、外部各种有关因素结合起来分析。

（2）当前利益与长远利益相结合。只顾当前利益不考虑长远利益的方案是不可取的，对当前不利而长远有利也不是理想的方案，对当前和长远都有利才是最合适、最理想的方案。

（3）局部效益和整体效益相结合。系统分析要求整体效益最优化，局部效益好不意味整体效益也很好，整体效益好往往需要某些局部效益做出牺牲。局部效益差而整体效益好的方案或者局部和整体效益都好的方案才是可取的。

（4）定量分析与定性分析相结合。定量分析是指数量指标的分析，可用现实模型表示，这是评价方案优劣的依据。但绝不能忽视定性因素如某些政治、政策、心理因素及社会效果等。此外，定量分析必须以定性分析为指导，不对系统作深入了解，就不能建立进行定量分析的数学模型。定性和定量分析两者应结合起来，或者相互交错进行，才能达到优化的目的。

4.1.4 系统分析的步骤

在第 2 章，我们已对霍尔“三维结构”模型中逻辑维进行了比较详细的剖析，这里所讲的系统分析步骤仍是霍尔“三维结构”模型中的逻辑维的进一步明确化，二者之间没有本质的区别。系统分析的一般步骤如图 4-2 所示。

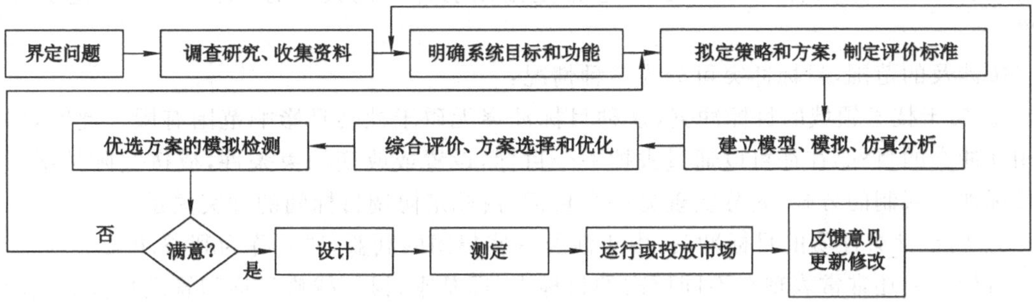

图 4-2　系统分析的一般步骤

在系统分析过程中可以利用不同的模型，在不同的假定下对各种可行方案进行比较，从中选优，获得结论、提出意见，但是否实施，则是决策者的责任。对实际问题，应根据具体情况，采取不同的具体方法和步骤。

4.2　系统目标分析

系统目标是指系统发展所要达到的结果，是系统目的的具体化。系统目标对系统发展起着决定性作用，系统目标一旦确定，系统就将朝着所规定的方向发展。目标分析是整个系统分析工作的关键。有了明确的目标，才能针对目标提出可行方案，进而选择合理方案。有些目标的属性难以定量度量，在系统分析时要对这些目标的实现程度作出量化的估计，通常采取两种方法：一是经过调查研究给出比较客观的评分标准；二是应用模糊集理论中的隶属度的概念，对难以量化的因素作出评判。

4.2.1　系统总体目标的确定

系统总体目标是对系统的总体要求，是确定系统整体功能和任务的依据。

制定系统的总体目标，要用全局、发展、战略的眼光，考虑社会、经济、科学技术发展所提出的新要求，注意目标的合理性、现实性、可能性和经济性，根据系统自身的状况和能力以及环境条件，提出切合实际的目标。同时还应制定出系统的近期目标和远期目标。要充分估计总体目标在正反两方面的作用。要充分考虑系统的内部条件和外部环境的允许程度：当受到内部条件、外部环境的限制和约束，最佳或最理想的目标无法考虑时，可以暂时选择用可以实现的次好目标代替；当时间、空间、环境条件等发生变化时，对目标再进行相应的调整和修正。

4.2.2　系统目标冲突与协调

4.2.2.1　系统目标冲突分析

一般来说，对于存在多个目标的情况，目标之间的关系可分为三类（以两个目标为例）：① 两个目标之间无任何关系，即两个目标相互独立；② 一个目标的实现有利于另一个目标的实现，称为目标互补关系；③ 一个目标的实现制约或阻碍另一个目标的实现，称为目标冲突关系。

对相互冲突的目标，在处理时要进一步分析目标冲突的程度，此时有两种情况：① 目标冲突但有相容或并存的可能性；② 目标绝对相斥。前一种情况叫作目标的弱冲突，此时原则上可以保留两个目标。在实践中，通常是限制弱冲突的某一方，而让另一方达到最大限度。

按涉及的范围，目标冲突可分为两种情况：

① 属于技术领域的目标冲突，这种目标冲突无碍于社会且影响范围有限。此时，对两个相互冲突的目标，往往可以通过去掉一个目标，设置或改变约束条件，或按实际情况对某一目标加以限制的方式，充分实现另一个目标，由此来协调目标间的冲突关系。

② 属于社会性质的目标冲突，由于涉及一些集团的利益，通常称为利益冲突。

目标冲突还常常表现在不同层次的目标上，即基本目标、战略目标和管理目标之间的不协调。基本目标是系统存在的理由；战略目标是指导系统达成基本目标的长期方向；而管理目标则是把系统的战略目标变成具体的、可操作的形式，以便形成短期决策。这三个层次上的目标冲突反映了长期利益与短期利益之间的矛盾。因此，要有效地实现系统的基本目标，就必须协调不同层次上的目标冲突。

4.2.2.2　系统目标协调方法

(1) 利益分配法。设有 3 个利益类型(集团)A、B、C，存在 5 个分目标 G_1、G_2、G_3、G_4、G_5。现要确定一个各方均能接受的目标排序方案。首先，协商确定各利益类型 A、B、C 应得权数，设分别为 20、30、50；其次，将 A、B、C 所得权数在各分目标上分配，如表 4-1 所示；最后，计算各分目标的权数，由此确定协调后的目标排序为 G_1、G_2、G_5、G_4、G_3。

表 4-1　利益分配法权数

利益类型	权数	分目标权数				
		G_1	G_2	G_3	G_4	G_5
A	20	4	14			2
B	30	5		10	15	
C	50	20	10			20
求和	100	29	24	10	15	22

(2) 评定等级法。首先，设定目标评分标准，如设目标合理为 3 分，一般为 2 分，不合理为 1 分；其次，由利益主体 A、B、C 对目标 G_1、G_2、G_3 给出自己的评分，如表 4-2 所示；最后，计算各分目标的总得分，由此确定最终目标及排序。

表 4-2　评定等级法评分

利益类型	分目标得分		
	G_1	G_2	G_3
A	1	3	2
B	3	1	2
C	3	2	1
总分	7	6	5
平均分	2.33	2	1.67

4.3　系统环境分析

环境是存在于系统边界外的物质的、经济的、信息的和人际的相关因素的总称。开放系统与外部环境之间存在密切的联系和相互影响。解决方案的完善程度依赖于对整个系统环境的了解。因此,系统环境分析是系统分析的一项重要内容。

实际系统涉及的环境十分具体,一般来说,按环境因素的基本特征,环境因素可归纳为自然地理环境因素、科学技术因素和社会经济因素三类。

(1) 自然地理环境因素

自然地理环境因素很多,主要包括自然资源、地理条件、气象条件和生态环境等因素。任何系统都处于一定的自然地理环境之中,不可避免地受到影响和制约,通常表述为系统的约束条件,是环境分析首先应考虑的基本因素。任何成功的系统分析都必须与自然环境之间保持正确的适应关系。

(2) 科学技术因素

科学技术因素主要包括工程技术的现存系统、技术标准和科技发展状况等。其中,现存系统是指现实中运用着的工程技术和物理系统的状况,是系统分析中收集各种数据资料的重要来源之一。技术标准是对各类工程和物理系统的设计、制造、安装,以及对各类产品的规格、型号、指标的规范化要求。技术标准也是严格的约束条件和评价系统效果的基准之一。技术标准又是企业内部与外部在产品生产上协调的依据。标准通常由主管部门确定并颁布实施,一般由国家、部门或行业以国标、部标、行标的代号加编号形式公布,如我国的国标用 GB 表示,中国科学院标准用 ZKY 表示,机械行业标准用 JB 表示,等等。

(3) 社会经济因素

社会经济因素包括社会环境因素、文化教育环境因素、政治环境因素、经济环境因素等。这些环境因素对环境分析的影响很大,因此,在系统分析中,既要分析这些因素现在对系统的影响,也要考察这些因素的发展变化趋势,估计其未来对系统的影响。

上述各类环境因素相互联系、相互影响,对系统的作用也是综合的,而不是孤立的。有些环境因素之间具有特定的因果联系,这使得各类环境因素的变化往往是交替发生的,而不是同步的。通常,社会环境相对稳定时经济环境的变化也比较平缓,某些社会因素与自然因素如果发生突变,则会使社会、政治、经济环境相应地发生变化和动荡。因此,进行环境分析时,既要考虑环境因素稳定发展的一面,又要看到动荡和突变的可能,善于分析不同环境因素的特点和发展变化的趋势,有效、迅速地调整系统自身的状态,以适应复杂而多变的环境。

4.3.1　环境因素的确定

确定环境因素,是指根据实际系统的特点,通过考察环境与系统之间的相互影响和作用,找出对系统有重要影响的环境要素的集合,划定系统与环境的边界。环境因素的评价,是指通过对有关环境因素的分析,区分有利和不利的环境因素,弄清环境因素对系统的影响程度、作用方向和后果等。在确定和评价环境因素时,需要注意以下几点。

第一,抓住重点,分清主次。选取适当的因素,只把与系统联系密切、影响较大的因素列入系统的环境范围。如果环境因素列举过多,则会使分析过于复杂;如果过分简化环境因素,则又会使方案的客观性差。

第二，全面、动态地考察环境因素，清楚认识到环境是一个动态发展变化的有机整体，应以发展的观点来研究环境对系统的作用和影响。

第三，细致周密地找出某些间接、隐蔽、不易被察觉、可能会对系统产生重要影响的环境因素。对环境中人的因素，如其行为特征、主观偏好及各类随机因素都应有所考虑。

4.3.2　SWOT 分析

SWOT 分析法，即态势分析法，是指将与研究对象密切相关的各种主要内部优势、劣势和外部的机会和威胁等，通过调查列举出来，并依照矩阵形式排列，然后用系统分析的思想，把各种因素相互匹配起来加以分析，从中得出一系列相应的结论，而结论通常带有一定的决策性，如图 4-3 所示。SWOT 分析具体含义如下。

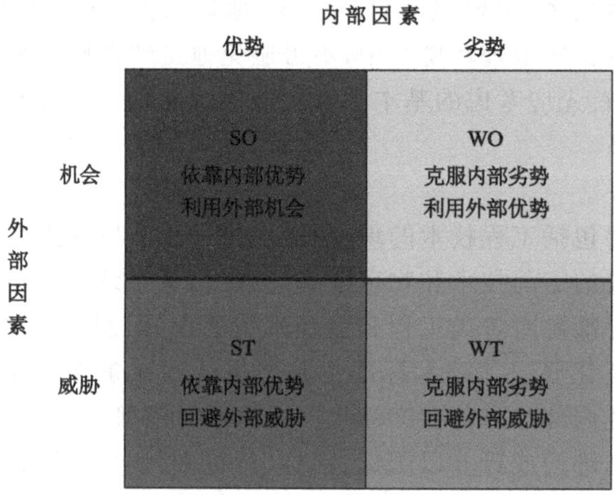

图 4-3　SWOT 分析

(1) 优势(strengths)：是组织机构的内部因素，具体包括：有利的竞争态势；充足的财政来源；良好的企业形象；技术力量；规模经济；产品质量；市场份额；成本优势；广告攻势；等等。

(2) 劣势(weaknesses)：也是组织机构的内部因素，具体包括：设备老化；管理混乱；缺少关键技术；研究开发落后；资金短缺；经营不善；产品积压；竞争力差；等等。

(3) 机会(opportunities)：是组织机构的外部因素，具体包括：新产品；新市场；新需求；外国市场壁垒解除；竞争对手失误；等等。

(4) 威胁(threats)：也是组织机构的外部因素，具体包括：新的竞争对手；替代产品增多；市场紧缩；行业政策变化；经济衰退；客户偏好改变；突发事件；等等。

SWOT 方法的重要贡献在于用系统的思想将这些似乎独立的因素相互匹配起来进行综合分析，从而使得企业战略计划的制订更加科学全面。SWOT 分析的基本过程如图 4-4 所示。

与其他分析方法相比较，SWOT 分析从一开始就具有显著的结构化和系统性的特征。形式上，SWOT 分析法表现为构造 SWOT 结构矩阵，并对矩阵的不同区域赋予不同分析意义；内容上，SWOT 分析法的主要理论基础也强调从结构分析入手对企业的外部环境和内部资源进行分析。

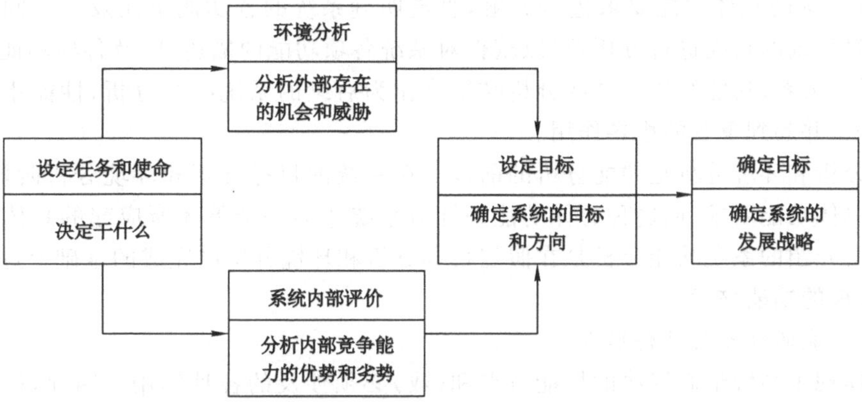

图 4-4　SWOT 分析基本过程

4.3.3　未来环境预测

未来环境预测，是指根据所掌握的信息和数据，对环境因素的发展变化、系统寿命周期内未来环境的可能状态，以及系统可能产生的后果进行估计。在对环境的未来发展变化趋势进行预测时，应根据各种环境因素的特征做具体分析。许多定量分析方法可以用于预测，如时间序列分析、回归分析、投入产出法、灰色预测等。对随机性很强、动荡不定的环境因素，通常只能采用定性分析方法，如情景分析法。

情景分析法是未来环境预测常用的一种方法，又称情景描述法、脚本法。情景分析法基于逻辑推理，通过构想未来行动方案实现时所处的几种环境状态及其特征，预测和估计行动方案的社会、技术与经济后果，是一种常用的分析、预测方法。在情景分析法中，主要通过情景设定和描述来考察与分析系统，描述可能出现的状况和获得成功所必需的条件等。既要考虑出现概率大的、一般环境状况的情景，也要考虑出现概率小的、极端或特殊环境状况的情景，如百年不遇的自然灾害、战争等。情景描述既要发挥想象力和逻辑思维能力，又要重视人们的经验、知识、技术及综合判断能力。

总之，系统环境因素范围很广，处理起来也较为困难，但必须要因时、因地、因条件地加以分析，找出相关环境因素的总体，确定因素的影响范围和各因素间的相关程度，并在方案分析中予以考虑。对于可以定量分析的环境因素，如限额分配的物资、资金、人力，通常以约束条件形式列入系统模型中。某些环境因素，如系统运行时的环境温度等，要求在产品系统设计计算中给予考虑。对只能定性分析的因素可用估值法评分，尽量使之达到定量或半定量化，以便合理地确定系统目标，提出适应环境的可行方案。

4.4　系统功能分析

需首先明确，系统的功能和性能是两个既有联系又有区别的概念。功能是指由系统某构成要素完成的某项特性活动，而性能则是指完成某项功能的系统某要素的具体表现状况。只有同时保证系统的基本使用功能（功能基线）和性能要求，才能充分满足对系统的基本要求。

系统功能分析，是指根据系统构成要素的逻辑分类、时序、数据流程、控制流程或其他一些准则，对系统的总体功能要求进行分解，直至明确系统的各功能单元及其之间的相互关系。通过对系统的功能进行分析，可以获得对系统各项功能的描述，以及各项功能之间的逻辑关系、层次关系、功能结构。这些分析结果将作为后续的系统结构分析、性能指标分析等的信息输入，并起到重要的指导作用。

目标分析和环境分析是功能分析的前提。在系统的目标分析和环境分析阶段，可以确定系统的总体功能要求，而这种总体功能是针对系统作为一个整体所应起的总体作用而言的。本节所介绍的系统功能分析是在假定目标分析和环境分析已完成的基础上进行的。

4.4.1 系统的功能描述

4.4.1.1 功能的分类与结合形式

功能体现了系统最高层次的性能特点和(或)必须涉及的各种作用。因此，按照功能所对应的系统动作形式，可将功能分为独立功能和从属功能两类。所谓独立功能，是指系统在完成该项功能时所遂行的动作是独立的，不需要其他的动作来配合。独立功能往往是系统必须完成的主要功能。所谓从属功能，则是指在系统完成独立功能的过程中附带完成的一些辅助功能，且完成这些功能的动作构成完成独立功能动作的某一部分。

功能之间的结合形式可以表现为串联、并联或混联形式。如图 4-5 所示，图(a)表示两个功能以串联的形式相结合，系统只有在完成了功能 A 之后，才能完成功能 B。图(b)表示两个功能以并联的形式相结合，系统可以在某一时刻以这样的方式完成指定的几项功能：完成功能 A，或者完成功能 B，或者同时完成功能 A 和 B。图(c)表示三个功能以串联及并联的形式混合，系统可以在某一时间内以这样的方式完成规定的系列功能：在完成功能 A 和功能 B 的过程中完成功能 C，且功能 A 必须在功能 B 之前完成；完成功能 A 与 B，或者完成功能 C。

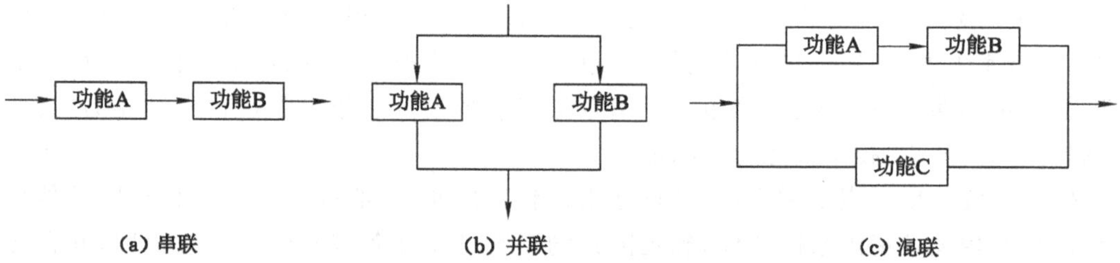

图 4-5 功能结合形式

系统的各项功能按完成时间的先后及以上三种结合形式的组合，构成了系统在某一层次上的功能流程。

4.4.1.2 功能流程与功能层次

把系统的运行和使用方案转变为具体的、定性与定量的设计要求，是从确定该系统要完成的各项重要功能开始的，在此基础上再制定系统的功能流程。

系统的功能流程由功能流程图来表示。功能流程图是以图形的方式描述系统设计要求的一种手段。它描述了系统的各项功能按时间及串联、并联和混联关系结合的形式，系统各部分功能的层次关系，功能之间的接口等。系统的功能按其重要性程度及相互之间的从属关系，又可分为几个层次。每个层次的功能之间的相互关系都可由功能流程图描述。因此，功能流程图可以标明为最高层次、第一层次、第二层次，以此类推。最高层次表示的是系统总的工作功能;第一层次和第二层次依次表示前一层次功能的进一步展开。功能流程图一直要向下展开到为确定该系统的各项需求(硬件、软件、设施、人员、资料数据)所必要的层次。每个图上所标明的功能应予以编号,编号的方式要能保持功能的连续性,并能贯穿整个系统,追溯到功能的开始点。按层次的功能逐级编号示例如图 4-6 所示。

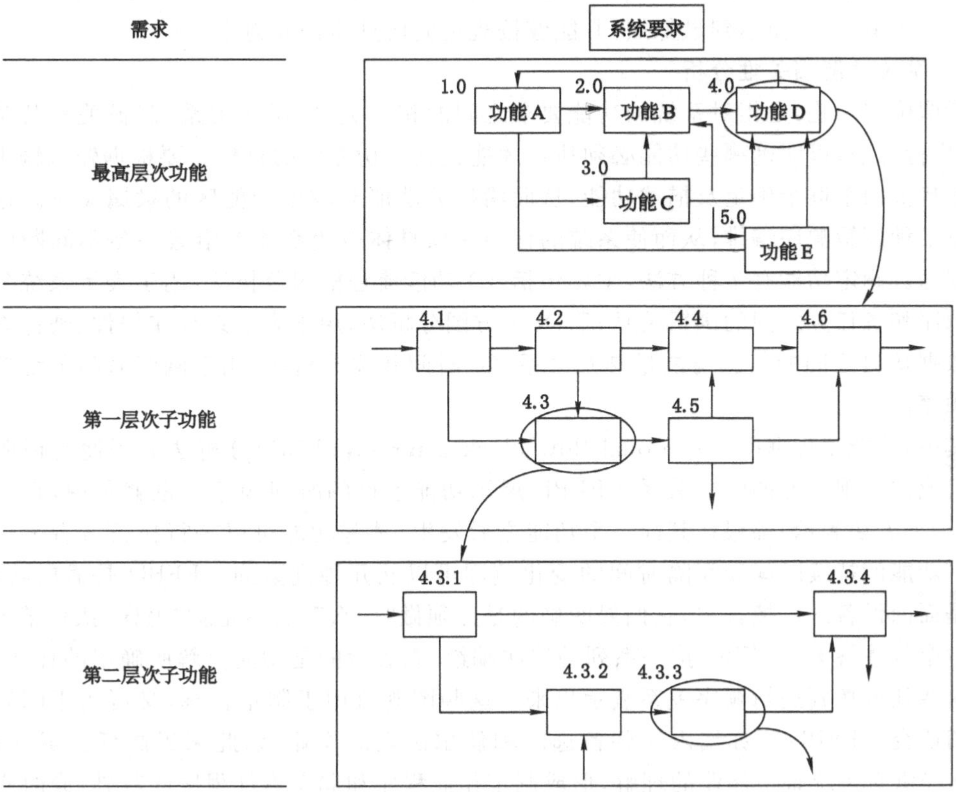

图 4-6　功能逐级分析

功能流程分析所确定的功能不应只限于那些系统工作所必须具有的功能,而且必须考虑维护和保障对系统设计所产生的影响。有时,系统从使用的观点看在技术上是可行的,却没有考虑在预计的寿命周期内是否能够有效而经济地予以保障。所以,应该提出维护和保障要求,以便消除上述可能出现的做法。经验表明,系统的维护和保障费用往往大大超过系统建设的费用。对系统功能流程进行分析的目标是使系统在性能、有效度、保障及经济诸因素之间达到适宜的平衡。

4.4.2　系统总体功能的分解

进行功能分解,首先要确定系统应当具备的各项总体功能,并把它们在尽可能详细的层次上再分解成各个子功能。一般情况下,可采用自上而下的功能分解方式,即逐级地将系统的总体功能分解为若干子功能,并在子功能之间确定一定的接口关系。然后,对每个子功能再往下一层次分解下去,以至子功能的数目会不断增加,而且每个子功能也都有自己的接口。依次继续分解,一直分解到最低的功能层次。在这一层次上,可以根据各个功能的特点确定能具体执行的单一的系统构成要素。

通过功能分解，将某一系统的总体功能分解成若干个功能区或功能段。每个功能区是满足系统基本功能所分配的一个区段。这些区段集中起来就形成各个级别的完整的系统描述。当这些功能段彼此分开时(因为它们实际上可能各有物理意义)，就提出了必要的接口连接问题。功能向下一层分解一次，功能数量就会大大增加一次。每项功能又自有其接口。该过程持续下去，直至达到最低层，并能够按规定完成具体任务为止。

4.4.3 系统功能相关性分析

所谓确定功能，是指对系统的功能要求之间的相互关系(层次关系、逻辑关系及时序关系等)进行分析，以明确哪些功能必须执行才能达到该功能区的目标。要根据输入输出和接口要求自上而下逐个确定及描述功能，从而明确分功能与较大功能区的隶属关系。这些功能要按某种逻辑顺序编排，从而使系统的任何一项具体应用都能够沿着一条不间断的路径加以跟踪。确定功能有多种方法，主要包括：① 功能流程框图分析法，用于表示系统各项任务的顺序和各任务之间的逻辑关系；② N 平方图分析法，用于表示系统在软件、硬件方面的各个数据接口之间的信息与能量交互关系；③ 时间基线分析法，用于阐明时间关键功能的时间顺序。

其中，功能流程框图(functional flow block diagram，FFBD)分析法的用途是说明系统必须完成的各项功能的顺序关系。FFBD 展示功能事件的时间顺序。也就是说，每一个功能(用一个方块表示)都跟在其前一个功能之后发生，某些功能可以平行执行或者另选替代路径。功能的持续时间和间隔时间的变化范围可以从几秒到数周。FFBD 是面向功能的，而不是面向设备的。换言之，它们要明确的是必须做“什么”，而不是就“怎样”执行某项功能假定一个具体答案。FFBD 按一系列的层次编绘，它表示的是功能分解所确定的任务，而且它把这些任务按其逻辑顺序关系表示出来。这些图既可用于制定目标，又可用于明确有益的权衡研究。FFBD 中亦编入一些备选的和偶尔出现的作业，以此来提高任务成功概率。FFBD 提供对系统整个作业的理解，形成制定作业程序和偶发事件程序的基础，同时它能正确确定在哪些地方进行作业程序修改可以简化整个系统作业。在某些情况下，可用一些备选的 FFBD 表示满足某项具体功能直至取得数据的各种方法，这样就可以在这些备选图中进行选择。

4.5 系统结构分析

系统结构分析是系统分析的重要内容，也是系统分析和系统设计的理论基础。任何系统都是以一定的结构形式存在的。系统分析人员需要根据系统功能和性能要求，从深入分析系统的组成要素及其相互关系入手，了解系统的性质和特点，为实现系统功能和性能的特定需要作出系统组成和系统结构的选择。系统结构分析的主要内容包括要素集分析、相关性分析、层次性分析及整体性分析。

4.5.1 要素集的分析

为了达到系统给定的功能要求，即达到对应系统总体目标的系统作用，系统必须有相应的组成部分，即系统要素集，记为 $S=\{e_i \mid i=1,2,\cdots,n\}$。

系统要素集的确定可在已确定的目标树的基础上进行。当系统目标分析取得了不同的分目标和目标单元时，系统要素也将对应产生。对应总目标分解后的分目标和目标单元，要搜索出能达成此目标的实体部分。在这种对应分析中，与分目标或目标单元对应的实体结构是功能单元，即独立执行某一任务的功能体。通过目标集的对应分析，就能找到构成系统的要素集或功能单元集。

由于与目标单元对应的功能单元（要素）可能不是唯一的，故存在选择最优对应的问题，即在满足给定目标要求下确定的功能单元（要素）其构造成本应最低。这主要借助价值分析技术。还必须注意技术进步的因素，这有可能使费用增加，但是功能费用比也可能更高，所以要考虑价值分析的结果。这就要求在系统要素集的确定过程中，充分运用各种知识和丰富的实践经验。

4.5.2　相关性分析

系统要素集的确定只是说明已经根据目标集的对应关系选定了各种所需的系统结构组成要素或功能单元，它们是否能达到目标要求，还要看它们之间的相互关系，这就是系统的相关性分析问题。

系统的属性不仅取决于它的组成要素的质量和合理性，还取决于要素之间应保持的关系。同样的砖、瓦、砂、石、木、水泥可以盖出高质量的楼盘，也可能建造出“豆腐渣”工程。由于系统的属性千差万别，其组成要素的属性复杂多样，因此要素间的关系是极其多样的。这些关系可能表现在系统要素之间保持的各类关系上，如空间结构、排列顺序、相互位置、松紧程度、时间序列、数量比例、力学或热力学的特性、信息传递方式，以及组织形式、操作程序、管理方法等。这些关系组成了一个系统的相关关系集，即 $R=\{r_{ij}\mid i,j=1,2,\cdots,n\}$。

由于相关关系只能发生在具体的要素之间，故任何复杂的相关关系，在要素不发生规定性变化的条件下，都可变换成要素两两之间的相互关系，即二元关系是相关关系的基础，而其他更加复杂的关系则是在二元关系的基础上发展的。在二元关系分析中，先要根据目标的要求和功能的需要明确系统要素之间必须存在及不应存在的两类关系，同时必须消除模棱两可的二元关系。当 $r_{ij}=1$ 时，要素间存在二元关系；当 $r_{ij}=0$ 时，要素间不存在二元关系。

4.5.3　层次性分析

大多数系统都是以多层结构形式存在的。哪些要素应归属哪一层、层次之间应保持何种关系，以及层数和层次内要素的数量等都很重要。对这些问题的研究可从系统的本质上加深对系统结构的认识，从而揭示事物合理存在的客观规律，这是提出系统层次性分析的理论依据。

为了实现给定的目标，系统或分系统必须具备某种相应的功能，这些功能是通过系统要素的一定组合实现的。由于系统目标的多样性和复杂性，单一或比较简单的功能往往都不能达到目标，它们需要组成功能团或功能团的联合。这样，功能团需要形成某种层次结构的形式。

系统的层次性分析主要解决系统分层和各层组成及规模合理性问题。这种合理性主要从以下两个方面考虑。

（1）传递物质、信息与能量的效率、质量和费用。对于技术系统，主要看能量和信息的传递链的组成及传递路线的长短。因系统层次多少不同，这种链的环节数也不同。环节越多，摩擦副作用越大，传递路线越长，传递效率越低，失真程度越大，周期越长，费用也越高。

组织管理系统层次多、人员生、头绪多,会导致费用高、效率低,进而会导致管理困难、控制失效,以及产生多种漏洞和弊端。所以,系统层次不宜过多。另外,任何系统的层次幅度也不能太宽,否则不利于集中。若零部件分散幅度太宽,则不仅对实现功能不利,而且也较难控制,还会有管理幅度的问题。因此,层次划分应考虑层次数与层次幅度的统一,做到层次不多、效率很高、便于控制、费用较低。

(2) 功能团(或功能单元)的合理结合和归属问题。某些功能团放在一起能起相互补益的作用,有些则相反。实践表明,监察功能一般不应放在同层次内管理。同样地,在技术系统中,控制功能必须放在执行功能之上,否则也起不到控制作用。

4.5.4 整体性分析

系统的整体性分析是系统结构分析的核心,是系统整体协调和整体最优化的基础。上述系统要素集、关系集和层次关系的分析,在某种程度上都是研究问题的一个侧面,其合理化或优化还不足以说明整体的性质。整体性分析则要综合上述分析的结果,从整体最优上进行概括和协调,这就要使系统要素集 S、系统相关关系集 R 和系统层次分布集 C 达到最优结合,以实现系统效用的最大值和整体最优输出。

4.5.4.1 整体最优化的可能性

(1) 上述 R 和 C 的合理性分析是在可行范围内讨论的,这些变量都有允许的变化范围,不是绝对的。

(2) 在对应给定目标的要求下,S、R 和 C 将有多种结合方案,而每种方案的结合效果是不同的,因此存在优选的可能性。

(3) 对应一定的价值目标(如最低能耗)改变 S、R 和 C 的结合状态,可以看出效果函数的变化状态和优化方向,从而使取得系统最佳效能成为可能。因此,可获得在系统最优条件下最大输出(如最大利润)的 S、R 和 C 的结合方案。

由此说明,整体性分析不仅有必要性,而且有实现的可能性。

4.5.4.2 整体性分析的内容

为了进行整体性分析,需要解决三个问题:建立评价指标体系,即对具体的系统来说,它的整体性效果函数应表现在哪些指标上,标准是什么;建立反映系统特性的 S、R 和 C 结合模型;建立结合模型的选优程序。下面主要讨论前两个问题。

(1) 建立评价指标体系。为了衡量和分析系统的整体结合效果,先要建立一套评价指标体系。指标体系是为了询价而建立的,是目标树或目标体系的具体化。指标分别说明综合效果表现的各个方面;指标应当有最低标准,达不到它,就说明这种结合没有取得基本的整体效果;指标应当是可衡量的价值指标,以便在多指标条件下做到综合评价。

(2) 建立反映系统特性的 S、R 和 C 结合模型。该类模型应反映系统结合三要素集的特点和整体结合效果函数的表达形式,把结合状态结构化和定量化。

总之,系统结构分析包括要素集分析、相关性分析、层次性分析和整体性分析等重要内容,这些工作对合理选择构成系统的要素、厘清要素之间的相互影响关系及层次关系,进而达到系统的整体协调和最优化具有重要作用。当系统要素较多、要素间的关系比较复杂时,全凭人脑来完成以上工作难度极高,甚至是不可能的。为此,需要采用规范化的方法,借助数学手段和计算机工具来辅助完成系统结构分析。

思　考　题

1. 何谓系统分析？系统分析包括哪些要素？请画简图说明这些要素之间的关系。
2. 简述系统分析与系统工程的关系、系统分析与系统建模的关系。
3. 以煤矿开采系统为例，论述系统目标分析、环境分析、功能分析与结构分析的关系。
4. 简述系统环境分析的意义。
5. 试用 SWOT 分析法对一个具体问题进行系统环境分析。
6. 简述系统功能分析的作用。
7. 简述系统结构分析的内容及各项分析的作用。

第5章 矿业系统预测

5.1 系统预测概述

5.1.1 系统预测的概念及实质

"凡事预则立,不预则废"。自有历史记载以来,甚至更早一些,人们就试图对未来的状况进行预测。例如,对于各种节气、日食或月食等物理现象,人们在很早以前就能够凭借经验对它们作出足够精确的预测。但是,预测当今错综复杂的系统的发展变化,远比人们依靠经验预测天气复杂和困难得多。特别值得注意的是,系统预测绝不是靠个人的想入非非或冥思苦想,更不能靠算命先生或风水先生的"未卜先知",而是需要依靠科学,这包括科学的头脑、科学的方法及科学的手段,并且在掌握一定的实际数据和历史资料的基础上进行。也就是说,系统预测必须根据系统发展变化的实际数据和历史资料,运用现代的科学理论和方法,以及各种经验、判断和知识,对系统在未来一定时期内的可能变化情况,进行推测、估计和分析。对采矿行业未来发展趋势的预测是一项复杂且重要的任务,它涉及多种因素的综合分析,包括地质资源、市场需求、技术革新、政策法规、环境影响等。系统预测在矿业领域具有重要的作用,它可以帮助企业更好地了解未来发展趋势,指导管理决策,预防事故发生,优化资源配置,提高生产效率,辅助安全管理,提升安全意识。随着科技的不断发展,矿山虚拟仿真系统等先进技术将成为推动矿业系统预测创新发展的重要工具。

不确定性是几乎所有问题的根源,因此,预测学将成为更有效的问题解决工具的关键。伯努利(J. Bernoulli)(1654—1705)创立了预测学,目的在于减少人类生活各个方面由于不确定性导致错误决策所产生的风险。预测学的理论部分致力于对无知和随机的后果进行数学化分析和描述,无知和随机的具体化就是变异性。预测学的试验部分运用模型,为决策者提供恰当决策的必要信息。此外,预测学为分析变异性提供了有效方法,因此,它为将非现实的、确定的世界观转变为现实的、随机的世界观铺平了道路,这一转变,特别是对于科学的所有分支会产生巨大影响。20世纪50年代以来,预测学渐渐地成为一门综合性的独立学科,它突破了自然科学和社会科学的界限,国内外各部门、各行业不断应用各种预测理论和方法进行社会预测、经济预测、科学预测、技术预测和军事预测等。目前,预测学应用研究有很大的拓展,它广泛应用于人口、环境、能源、资源、教育、金融、交通运输、城市规划、医药卫生等领域。可见,预测方法与各个学科、各个部门均有密切联系。同时,预测学理论研究有了新的进展,但是还不能说预测学已经发展得很成熟。它在以较快的速度继续向前发展,在发展过程中不断吸收其他学科的营养,进一步丰富和完善。

5.1.2 系统预测的原则

系统预测有三大原则。

(1) 连贯性原则。预测对象具有的规律性不仅在过去和现在起作用,而且在未来的一段时间内会继续发挥作用,这种连贯性包括时间的连贯性和预测系统结构的连贯性。

(2) 相关类推原则。预测对象的发展变化与某些因素密切相关,有的呈正相关关系,有的呈负相关关系。因此,相关类推原则要求在建立适当的预测模型后,根据相关因素发展变化来类推预测对象的规律。

(3) 概率性原则。预测对象的发展既受到偶然因素的影响,又受到必然因素的影响。概率性原则要求利用统计方法获得预测对象发展的必然规律。

5.1.3　系统预测的一般步骤

系统预测是一种科学预测,是对系统对象的发展、演变的客观规律的认识和分析过程。因此,系统预测应该建立在科学的理论基础之上,采用合理的分析、测算以及评价方法和手段。这样,系统预测技术应当包括它所遵循的理论、预测对象的历史和现状资料与数据、所能采用的计算方法或分析判断方法、预测方法和结果的评价与检验等要素。系统预测技术所遵循的理论包括两个方面:一是预测对象本身所处学科领域的理论,用以辨识事物发展的客观规律,指导预测方法的选择和结果的分析检验;二是预测方法本身的理论,主要是数理统计学的一些相关理论,近年来也出现了一些智能预测的理论和方法等。因此,实施一个具体的系统预测项目,必须基于上述两方面的科学理论基础。尽管不同的预测对象、不同的预测方法可能导致不同的预测实施过程,但总体来看,系统预测方法,特别是定量预测方法大致可分为以下几个步骤。

(1) 明确预测目的。一般来说,系统预测不是系统工程研究的最终目的,它应当是为系统决策服务的。因此,在预测过程中,先要在整个系统研究的总目标指导下,确定预测对象及具体的要求,包括预测指标、预测期限、可能选用的预测方法,以及要求的基本资料和数据。这是系统预测的一项极为重要的准备工作,它实际上能使预测工作有正确的科学理论和方法指导,做到有的放矢。

(2) 收集、整理资料和数据。根据选用或可能选用的预测方法和预测指标,进行两个方面的工作:一方面是把与所研究系统相关的资料,包括历史资料、相似系统资料、专家判断、工程经验等尽可能收集齐全,并进行分析、整理,去伪存真,填平补齐;另一方面是进行调查、访问或试验,以取得系统的实际数据,这一点对定性预测和定量预测均很重要。

(3) 建立预测模型。根据科学理论指导及所选择的预测方法,选择合适的变量来表达预测对象的关系,从而建立预测用的数学模型。必要时,可对数据进行适当处理(如进行数学变换),以符合模型本身的要求。

(4) 模型参数估计。按照所建立的数学模型的性质和获得的样本数据,采取科学的统计方法,对模型中的参数进行估计,包括点估计和区间估计。

(5) 模型检验。检验包括对模型的合理性及有效性进行的验证,最终识别和确认所选用的模型形式与结构。模型检验具体包括两个方面:一方面是对有关模型结构的检验,如对线性关系假设、变量结构(变量选取)及独立性假设等的统计检验,以保证模型假设的合理性;另一方面是对模型精度(即预测误差)的检验,如对模型参数、误差区间、标准离差等的检验。一旦检验发现模型不合理,就必须对模型加以修正。

(6) 预测实施与结果分析。运用经过检验的预测模型,使用已知的历史资料和实际数据,就可进行未来预测,并对预测结果进一步作理论、经验等方面的分析。此外,必要时还可通过对不同方法获得的预测结果的分析对比，作出更加可信的判断，为系统决策提供科学依据。

从预测实际工作来看，不可能仅靠上述六个预测步骤就能完全达成目标，有时需要若干次的反复和迭代，经过多次信息补充、模型修正等，才能完成系统预测任务。

5.1.4 系统预测方法的分类

近年来，预测决策理论和方法得到了广泛的应用，并已发展成为理论分析、方法技术与实际应用相结合的专门学科，其理论和方法渐渐被引入工业安全领域，用以科学指导安全生产，并取得了一定成效。特别是随着现代数学方法和计算机技术的发展，利用专家系统、决策支持系统、人工神经网络等，为预测决策实施开拓了一个更广阔的应用前景，这些技术方法在资源、能源、化工、环境等领域得到了广泛应用。由于预测的对象、时间、范围、性质等不同，预测方法可以形成不同的分类。根据方法本身的性质特点，可将预测方法分为定性预测方法和定量预测方法。

5.1.4.1 定性预测方法

定性预测方法根据人们对系统过去和现在的经验、判断和直觉进行预测，其中以人的逻辑判断为主，仅要求提供系统发展的方向、状态、形势等定性结果，是一种依靠人的主观判断预测未来的方法。这种方法不可能提供有关事件确切的定量的概念，而只能定性地估计某一事件的发展趋势、优劣程度和发生的概率。定性预测方法主要有专家会议法、德尔菲法、主观概率法、领先指标法等。

定性预测方法的主要用途是，在定量分析之前先进行定性分析，明确发展趋势，为定量分析做准备工作。在缺乏定量预测的数据时，可直接进行定性预测；另外，定性预测方法与定量预测方法结合使用，可提高预测的可靠程度，对定量预测的结果进行评价。

5.1.4.2 定量预测方法

定量预测方法是指在大量掌握与预测对象有关的各种信息资料的基础上，运用数学方法对资料进行处理，据此建立能够反映各种变量之间规律性联系的数学模型的预测方法。

定量预测方法包括时间/时空序列分析预测方法、因果关系预测方法、灰色预测和其他预测方法。

(1) 时间/时空序列分析预测方法

时间序列(time series)，是指存在于自然科学和社会科学中的某一变量或指标的数值或观测值，按照其出现时间的先后顺序，以相同的间隔时间排列的一组数值。时间序列数据存在于自然科学和社会科学的各个领域，由复杂性理论可知，时间序列中不仅包含系统所有变量过去的信息(在允许的误差精度内)，而且还包含参与系统演化的所有变量的大量信息。预测要求根据大量的观测数据对系统进行分析，预测出系统在未来的特性，以便对系统的特性进行处理或控制。时间序列的预测即用被预测事物过去和现在的观测数据，构造依时间变化的序列模型，并借助一定的规则推测未来，是预测领域的重要组成部分。分析观测时间序列的演变规律是掌握系统动力学特性的重要手段。时间序列分析预测方法主要包括移动平均法、指数平滑法、趋势外推预测法及博克斯-詹金斯法等。

1970 年博克斯(G. E. P. Box)和詹金斯(G. M. Jenkins)出版的专著 *Time Series Analysis Forecasting and Control* 提出了线性自回归滑动平均(ARMA)模型的辨别、参数估计、适用性检验等一整套理论，标志着线性时间序列预测的理论已日臻成熟。然而，现实世界中许多时间序列数据呈现很强的非线性特征，特别是一些非线性复杂系统。为此，大量非线性预测模型被相继提出，如神经网络预测模型、基于软计算的预测模型和支持向量机预测模型等，利用非线性模型对时间序列数据进行预测已经成为国内外研究的热点。

时空序列(space-time series)是时间列在空间上的扩展，是指在空间上有相关关系的多个时间序列的集合，如经济统计序列、卫星影像序列、环境监测序列、交通流量序列等。时空序列分析预测方法主要包括时空自相关移动平均法、时空插值法、卡尔曼滤波法、层次贝叶斯法等。

(2) 因果关系预测方法

因果关系预测方法的发展历程可以追溯到古代，彼时人们已经开始通过观察自然现象和社会事件来预测未来。然而，直到现代科学的发展，特别是统计学和计量经济学的出现，因果关系预测方法才得到了更加系统和科学的发展。在19世纪末和20世纪初，统计学的兴起为因果关系预测提供了基础。统计学家开始利用概率论和数理统计的原理，通过对大量数据的分析，找出事物之间的相关关系和依存关系。这为后来的因果关系预测提供了理论基础。20世纪中期以后，计量经济学的出现进一步推动了因果关系预测方法的发展。计量经济学是一门将经济学、统计学和数学相结合的学科，它利用数学模型和经济理论来分析经济现象，并进行经济预测和决策。计量经济学的发展为因果关系预测提供了更加丰富的工具和方法。

事物发展变化具有内在因果关系，如事物的存在、发展和变化都受有关因素的影响和制约，事物的存在和变化均有一定的模式。特性相近的事物，在其变化发展过程中，常有相似之处，因此可由先发事物的变化进程与状况，推测后发类似事物的发展变化。另外，由于系统变量之间也存在某种前因后果关系，找出影响某种结果的一个或几个因素，建立它们之间的数学模型，就可以根据自变量的变化预测结果变量的变化。因果关系模型中的因变量和自变量在时间上是同步的，即因变量的预测值由并进的自变量的值旁推。因果关系预测方法主要有回归分析法、马尔可夫过程(Markov process)法、状态空间预测法、计量经济预测法，以及系统动力学仿真法等。

(3) 灰色预测

灰色系统理论是中国控制论专家邓聚龙教授于1982年首次提出并创立的，灰色系统理论是将控制论的观点和方法运用到社会、经济领域的产物，也是自动控制科学与数学相结合的新兴交叉科学。所谓灰色系统，是指介于白色系统和黑色系统之间的过渡系统。如果某一系统的全部信息已知，则为白色系统；全部信息未知，则为黑色系统；部分信息已知、部分信息未知，则这一系统就是灰色系统。一般来说，社会系统、经济系统、生态系统都是灰色系统。灰色系统理论认为，对既含有已知信息又含有未知或非确定信息的系统进行预测，就是对在一定方位内变化的、与时间有关的灰色过程的预测。尽管过程中所显示的现象是随机的、杂乱无章的，但毕竟是有序的、有界的，因此这一数据集合具备潜在的规律，灰色预测就是利用这种规律建立灰色模型对灰色系统进行预测。

灰色预测通过对灰色系统的建模以及对该模型的求解、分析来预测今后某一时期的数值。它通过鉴别系统因素之间发展趋势的相异程度，进行关联分析，并对原始数据进行生成处理来寻找系统变动的规律，生成有较强规律性的数据序列，然后建立相应的微分方程模型，从而预测事物未来发展趋势。这种预测方法精度高，是一种较为理想的预测方法。目前，灰色预测在农业、经济、气象、水利、生物等方面得到广泛的应用，而在煤矿的应用则刚刚起步。由于传统的预测方法大多采用回归分析法，需要大量的数据，且要求分布典型，同时计算量大、预测结果误差大，因而不便于实施目标管理和决策。而灰色预测模型可在信息不完全的情况下，进行较为精确的预测。其中单数据微分模型有较好的拟合和外推特征，具有所需样本数据少、运算简便等特点，在许多领域都有着比较广泛的应用。

（4）其他预测方法

事物发展变化的规律复杂，很难确定事物存在、发展和变化的规律，为此采用人工智能的相关方法对事物的行为进行模拟预测。这类预测方法主要是机器学习算法，如神经网络算法、K 近邻算法、支持向量机算法、随机森林算法等。特别是进入大数据时代后，这类预测方法得到了新的发展和改进，应用也更为广泛。

5.2　定性预测方法

定性预测是指预测者依靠熟悉业务知识、具有丰富经验和综合分析能力的人员与专家，根据已掌握的历史资料和现实数据，运用个人经验和分析，对事物未来发展作出性质和程度上的判断，然后通过一定形式综合各方面意见，将其作为预测未来的主要依据。

定性预测偏重对市场行情的发展方向和施工中各种影响项目成本因素的分析，能发挥专家经验和主观能动性，比较灵活，而且简便易行，可以较快地得出预测结果。但是在进行定性预测时，也要尽可能地收集数据，运用数学方法，其结果通常也是从数量上作出测算。

定性预测着重对事物发展的趋势、方向和重大转折点进行预测，主要凭借人的经验及分析能力，在工程实践中被广泛使用，特别适合于对预测对象的数据资料（包括历史的和现实的）掌握不充分，或影响因素复杂、难以用数字描述，或对主要影响因素难以进行数量分析等情况。

下面简要介绍两种典型的定性预测方法——专家会议法和德尔菲法。

5.2.1　专家会议法

专家会议法是指根据规定的原则选择一定数量的专家，按照一定的方式组织专家会议，发挥专家集体的智能结构效应，对预测对象未来的发展趋势及状况作出判断的方法。头脑风暴法是专家会议法的组织形式和具体运用，此外，还有交锋式会议法和混合式会议法两种组织形式。

专家会议的人选应按下述三个原则选取：① 如果参加者相互认识，要从同一职位（职称或级别）的人员中选取；领导人员不应参加，否则可能对参加者造成某种压力。② 如果参加者互不认识，可从不同职位（职称或级别）的人员中选取。此时，不论成员的职称或级别的高低，都应同等对待。③ 参加者的专业应力求与所论及的预测对象的问题一致。

运用专家会议法，必须确定专家会议的最佳人数和会议进行的时间。专家小组规模以 10～15 人为宜，会议持续时间一般以 20～60 min 效果最佳。会议提出的设想由分析组进行系统化处理，以便在后续阶段对提出的所有设想进行评估。

专家会议有助于专家交换意见，他们通过互相启发，可以弥补个人意见的不足，通过内外信息的交流与反馈产生“思维共振”，进而将产生的创造性思维活动集中于预测对象，在较短时间内得到富有成效的创造性成果，为决策提供预测依据。但是，专家会议法也有不足之处，如有时心理因素影响较大、易屈服于权威或大多数人意见、易受劝说性意见的影响、不愿意轻易改变自己已经发表过的意见等。

5.2.2 德尔菲法

德尔菲法也称专家调查法，最早出现于 20 世纪 50 年代末，是美国为预测其“遭受原子弹轰炸后可能出现的结果”而发明的一种方法。1964 年，美国兰德公司的赫尔默（Helmer）和戈登（Gordon）发表了《长远预测研究报告》，首次将德尔菲法用于技术预测，其中涵盖了科学突破、人口控制、自动化、空间进展、战争预防、武器系统研发等诸多领域。后来德尔菲法不断被用于其他领域（如经济、健康和教育领域）并在 20 世纪七八十年代成为主要的预测方法。据《未来》杂志报道，20 世纪 60 年代末到 70 年代中期，专家会议法和德尔菲法（以后者为主）在各类预测方法中所占比例由 20.8%增加到 24.2%。80 年代以来，我国不少单位也采用德尔菲法进行预测、决策分析和规划编制工作。

德尔菲法根据有专门知识的人的直接经验，对研究的问题进行判断、预测。其本质是一种反馈匿名函询法，它以匿名方式通过几轮滚动式函询调查征求专家意见，是专家会议法的发展。预测领导小组对每一轮的意见都进行汇总整理，将其作为参考资料再发给每个专家，供他们分析判断，提出新的论证。如此多次反复，专家意见日趋一致，结论的可靠性越来越高。

5.2.2.1 德尔菲法的特点

德尔菲法是一种利用函询形式进行的集体匿名思想交流过程。它有三个明显区别于其他专家预测方法的特点，即匿名性、反馈性、统计性。

(1) 匿名性。为克服专家会议法易受心理因素影响的缺点，德尔菲法采用匿名形式。应邀参加预测的专家互不了解，完全消除了心理因素的影响。专家可以参考前一轮的预测结果，修改自己的意见而无须作出公开说明，无损自己的威望。

(2) 反馈性。德尔菲法不同于民意测验，一般要经过多轮才能得出结论。在匿名的情况下，为了使参加预测的专家掌握每一轮预测的汇总结果和其他专家提出的意见，预测领导小组对每一轮的预测结果进行统计汇总，并将结果作为反馈材料发给每个专家，供专家在下一轮预测时参考。

(3) 统计性。对调查获得的信息作定量处理是德尔菲法的一个重要特点。为了定量评价预测结果，德尔菲法采用统计方法对结果进行处理。

5.2.2.2 专家的选择

开展德尔菲法预测需要成立一个预测领导小组。该小组负责拟定预测主题、编制预测事件一览表，以及对结果进行分析处理，此外一项更重要的工作是负责选择专家。

物色专家是实施德尔菲法的一个关键步骤，因为它本身就是一项对意见和价值进行判断的作业。因此，在选择专家过程中不仅要注意选择精通专业技术、有一定声望、有学科代表性的专家，同时还需要选择边缘学科、交叉学科的专家。是否选择承担领导职务的专家，要看他们是否有足够的时间来认真填写调查表。

根据预测问题的规模，专家组一般以 10～50 人为宜。人数太少，学科代表性不够，并缺乏权威，同时影响预测精度；人数太多，难于组织，结果的处理也比较复杂。而对一些重大问题，专家人数可扩大到 100 人以上。选定专家后，还可根据具体预测问题，划分从事基础研究预测和应用研究预测的小组，也可按其他形式分组。美国兰德公司在采用德尔菲法就科学的突破、人口的增长、自动化技术、航天技术、战争的可能和防止、新的武器系统6个问题进行预测时，专家组由82人组成，分6个小组，其中一半成员来自本公司，外单位成员中包括6名欧洲专家。在确定专家人数时，值得注意的是，即使专家同意参加预测，由于种种原因专家也不见得每轮必答，有时甚至中途退出，因而预选人数要多于规定人数。

5.2.2.3　预测问题的提出

在开展预测前，先要明确预测主题和预测目的，准备背景资料，并根据预测任务拟定调查表，包括目标-手段调查表和专家应答问题调查表。

(1) 制定目标-手段调查表

预测领导小组与专家一起对已掌握的数据进行分析，确定预测对象的总目标和子目标，以及达成目标的手段。

(2) 制定专家应答问题调查表

专家应答问题调查表是德尔菲法预测的重要工具，是信息的主要来源。它的质量可能直接影响预测结果。例如，如果需要专家对某个事件的完成时间进行预测，则需要根据问题制定事件完成时间调查表，其形式见表5-1。

表5-1　事件完成时间调查表

事件	事件完成时间(某一时间实现该事件的概率估计)		
	10%概率	50%概率	90%概率
实现某一事件	a_{1i}	m_{1i}	b_{1i}
达到某一水平	a_{2i}	m_{2i}	b_{2i}
解决某一问题	a_{3i}	m_{3i}	b_{3i}

5.2.2.4　预测过程

经典的德尔菲法预测要经过四轮调查。一般来说，经过四轮调查，专家意见可以相当协调或一致。有些派生或改造的德尔菲预测方法，考虑整个过程进行的时间和复杂程度，以及专家意见的一致程度，部分取消轮间反馈，适当简化了预测过程。

第一轮，由组织者发给专家第一轮调查表，该表是开放式的，不带任何框，只提出预测问题。请专家围绕预测主题提出预测事件。如果限制太多，则会漏掉一些重要事件。预测领导小组要对专家填好的调查表进行汇总整理，归并同类事件，排除次要事件，用准确术语提出一个预测事件一览表，并作为第二轮调查表发给专家。

第二轮，专家对第二轮调查表所列的每个事件作出评价。例如，说明事件发生的时间、叙述争论问题和事件或迟或早发生的理由。预测领导小组收到第二轮专家意见后，对专家意见进行统计处理，整理出第三张调查表。第三张调查表包括：事件，事件发生时间的中位数和上、下四分位数，以及事件发生时间在四分位数外侧的理由。

第三轮，把第三张调查表发下去后，请专家做以下事情：重审争论；对上、下四分位数外的对立意见进行评价；给出自己新的评价(尤其是在上、下四分位数外的专家，应重述自己的理由)；如果修正自己的观点，也请叙述为何改变，原来的理由错在哪里，或者说明哪里不完善。专家的新评论和新争论返回到预测领导小组手中后，预测领导小组的工作与第二轮十分类似：统计中位数和上、下四分位数；总结专家观点，重点在于争论双方的意见，形成第四张调查表。

第四轮，请专家对第四张调查表再次评价和权衡，作出新的预测。是否要求作出新的论证与评价，取决于预测领导小组的要求。第四张调查表返回后，预测领导小组的任务与上一轮的任务相同：计算每个事件发生时间的中位数和上、下四分位数，归纳总结各种意见的理由及争论点。

5.2.2.5　德尔菲法应遵守的原则

人们从经验中总结了如下几个在采用德尔菲法时应遵守的主要原则。

(1) 对德尔菲法作出充分说明。在发出调查表的同时，应向专家说明德尔菲法的目的和任务、专家回答的作用，以及德尔菲法的原理和依据。

(2) 问题要集中，提出的问题要有针对性，以便使各个事件构成一个有机整体。

(3) 问题表设计应该措辞准确，用词确切，不能引起歧义。

(4) 调查表要简化，问题数量应适当限制。一般认为问题数量上限以 25 个为宜，超过 50 个则要相当慎重。

(5) 领导小组意见不应强加于调查意见之中，避免专家意见向领导小组靠拢，以致得出专家迎合领导小组观点的预测结果。

(6) 避免组合事件。如果一个事件包括专家同意的和专家不同意的两个方面，专家将难以作出回答，应避免提出“一种技术的实现是建立在某种方法的基础上的”这类组合事件。

(7) 支付适当报酬，以鼓励专家的积极性。

5.2.2.6　结果的处理和表示

对专家的回答进行分析和处理是德尔菲法的最后阶段，也是最重要的阶段。在该阶段最主要的工作是用一定的统计方法对专家的意见作出统计、归纳和处理，得出代表专家意见的预测值和离散程度。然后，对专家意见作出分析和评价，确定预测方案。结果的处理与表示主要可采用中位数和上、下四分位数法，算术平均法，主观概率法，以及评分法等。例如，采用中位数和上、下四分位数法对事件完成时间预测结果的处理方法如下：用中位数代表专家预测的协调结果，用上、下四分位数代表专家意见的分散程度。如果将专家预测的结果在水平轴上按顺序排列，并四等分，则中分点值为中位数，表示专家中有一半人估计的时间早于它，而另一半人估计的时间晚于它。先于中分点的四分点值为下四分位数，后于中分点的四分点值为上四分位数。其他关于数量值的预测类似。

5.3　定量预测方法

定量预测方法是一种运用数学工具对事物规律进行定量描述，预测其发展趋势的方法。

5.3.1　时间序列分析预测方法

5.3.1.1　时间序列的概念

时间序列，也叫时间数列、历史复数或动态数列。它将系统中某一变量或指标的数值或统计观测值，按时间顺序排列成一个数值序列 $x_1, x_2, \cdots, x_n$。从系统的角度来看，某一时间序列代表客观世界的某一动态过程，它是系统中某一变量受其他各种因素影响的总结果，且表现为动态变化。系统变量变化的动态过程分为两类：一类可以用时间 t 的确定函数加以描述，称为确定性过程；另一类没有确定的变化形式，也不能用 t 的确定函数加以描述，但是可以用概率统计方法寻求合适的随机模型来近似地反映其变化规律，这种过程称为随机过程。在系统预测中讨论的每一个时间序列都是某一事物变化的随机过程的一个样本，它的一个本质特征是相邻观测值的依赖性，这种依赖性具有很大的实际意义。通过对样本中的这种依赖性进行分析研究，找出动态过程的特性、最佳的数学模型，估计模型参数，并检验利用数学模型进行统计预测的精度，是时间序列分析预测的主要内容。

5.3.1.2　时间序列的特征

虽然客观现象的性质多种多样，发展的时空条件千差万别，影响事物发展的具体原因不可胜数，但是其仍有共同的规律。通过对社会、经济和工程系统中的各种时间序列的分析发现，时间序列的影响因素的作用特征可以概括为四种变动方式，即趋势变动 T、季节变动 S、循环变动(周期变动)C 及不规则变动 I。也就是说，任何一个时间序列总是表现为上述几种变动的某种组合的总结果 Y，且可用乘法模型或加法模型表示如下。

$$Y=TSCI \tag{5-1}$$

或

$$Y=T+S+C+I \tag{5-2}$$

由此可见，时间序列的特征表现为如下四个方面。

(1) 趋势性，即某个变量随着时间进展或自变量变化，呈现一种比较缓慢而长期的持续上升、下降、停留的同性质变动趋向，但变动幅度可能不相等。

(2) 周期性，即某因素由于外部影响随着自然季节的交替出现高峰与低谷的规律。

(3) 季节性，是指由于自然条件、社会条件的影响，社会经济现象在一年内或更短的时间内，随着季节的转变而引起的周期性变动。季节变动一般以一年为周期。此外，有的社会季节现象以一日、一周、一月为周期而产生变动，也称为准季节变动。季节变动是各种周期性变动中很重要的一种，但是季节性和周期性还是有差别的。具体来说，季节性是时间序列围绕趋势和周期年复一年地重复出现的一种有规律的波动，所以季节性中可能包含趋势性和周期性的组合，而周期性不包含趋势性。或者说，周期性是平稳序列的特征，季节性是一般序列的特征。

(4) 不规则性。不规则性变动可分为突发性和随机性两种。前者是由难以预测的因素引起的，其规律目前难以认识和推测。对于具有随机性变动特征的时间序列，则可以利用一个经过历史或测试数据验证的概率分布加以推测。

在系统预测中，我们一般把不规则变动视为干扰，必须设法将其过滤掉，而将趋势变动反映出来，以预测时间序列的长期变化趋势，必要时还应将季节性或周期性特征反映出来。

任何一个时间序列，可能同时具有以上几个特征，也可能是其中某几个特征的组合。时间序列可能具有不同特征，这就导致我们在进行系统预测时要采用不同方法，因此在预测之前，有必要识别时间序列的变动特征，从而选择合适的预测方法。

5.3.1.3　时间序列特征的识别

识别时间序列特征的简单方法是作图法，即以时间为横坐标，以变量值为纵坐标，将时间序列数值绘在坐标图上，一般就可以大致观察到时间序列的特征。

理论上时间序列的特征识别需要利用自相关系数或自相关过程的概念。自相关系数度量的是同一事件在两个不同时期之间的相关程度。为此，首先定义自相关系数如下。

设时间序列为 $x_1, x_2, \cdots, x_n$，则自相关系数 r_k 可按式(5-3)计算。

$$r_k = \frac{\sum_{t=1}^{n-k}(x_t - \overline{x})(x_{t+k} - \overline{x})}{\sum_{t=1}^{n}(x_t - \overline{x})^2} \quad \left(k = 1,2,\cdots,\frac{n}{4}\right) \tag{5-3}$$

式中，

$$\overline{x} = \frac{1}{n}\sum_{t=1}^{n} x_t$$

(1) 时间序列的随机性识别

时间序列的随机性识别，即识别时间序列的相邻观测值是否具有依赖性，还是完全由相互独立的随机数组成。当时间序列样本数 n 足够大时，如果所有的自相关系数 $r_1, r_2, r_3, \cdots$ 都近似等于零，则表明该时间序列完全由随机数组成，具有完全的随机性特征。由数理统计知识可以推出，计算样本较多(20 个以上)的自相关系数 r_k ($k=1,2,\cdots,20,\cdots$)为：

$$-\frac{1.96}{\sqrt{n}} \leqslant r_k \leqslant \frac{1.96}{\sqrt{n}}$$

当上式成立时，则有 95%置信度可以认为所有的自相关系数 r_k 与零没有显著差异，因而认为该时间序列具有随机性特征。

(2) 时间序列的平稳性识别

时间序列的平稳性识别，是指检验 $x_1, x_2, \cdots, x_n$ 是否为平稳随机过程的一个有限样本。所谓平稳随机过程，应具有两个基本特点：一是它的数学期望和方差取常数，即其样本应在某一固定水平线附近摆动；二是它的相关函数只是时间间隔的函数，与时间起点无关。因此，时间序列的平稳性识别就是要检验这两个特性是否成立。

显然，观测时间序列的图形是一种直观识别其平稳性的方法。此外，对于一个物理随机过程，如果它的系统参数、影响因素及实际条件保持不变或变化不大，就可视为平稳的。用假设检验的办法，如果序列的均值和方差保持稳定、所有自相关系数与零均无显著差异，且杨-博克斯(Ljung-Box)检验的 Q 统计量小于临界值，那么可以认为该序列具有平稳性。

(3) 时间序列的趋势性识别

对于非平稳的时间序列，其均值和方差可能存在某种趋势。这里介绍一种识别单调趋势的有效方法。设有时间序列 $x_1, x_2, \cdots, x_n$，每当出现一个 $x_j > x_i (j > i, i = 1,2,\cdots,n)$ 时，就将其定义为 x_i 的一个逆序，x_i 的逆序数定义为 x_i 相应逆序的总个数 A_i。于是，时间序列的逆序总数为：

$$A = \sum_{i=1}^{n-1} A_i \tag{5-4}$$

于是，在时间序列不存在单调趋势的条件下，统计量

$$u = \frac{A + \frac{1}{2} - E(A)}{\sqrt{\mathrm{var}(A)}} \tag{5-5}$$

渐近服从正态分布 $N(0,1)$。式中，A 的平均值为：

$$E(A) = \frac{n(n-1)}{4}$$

A 的方差为：

$$\mathrm{var}(A) = n(2n^2 + 3n - 5)/72$$

于是由 n 可以计算 $E(A)$ 及 $\mathrm{var}(A)$，而且由实际序列可得 A 的值，从而由式(5-5)可计算 u。设显著性水平为 0.05，如果 $-1.96 \leqslant u \leqslant 1.96$，可认为“序列无趋势”，否则拒绝上述假设。显然，如果 A 很大，则表明时间序列均值（或方差）有上升趋势；如果 A 很小，则表明时间序列均值（或方差）有下降趋势。

(4) 时间序列的周期性（季节性）识别

时间序列的周期性识别的简单方法，仍然是计算所有的自相关系数 r_k，并组成 r_k 序列。一般来说，r_k 序列与原序列会具有相同的周期性规律，即在序列的峰、谷处，会出现式(5-6)的情况，而其余的 r_k 大多满足式(5-7)。

$$|r_k| \geqslant \frac{1.96}{\sqrt{n}} \tag{5-6}$$

$$|r_k| < \frac{1.96}{\sqrt{n}} \tag{5-7}$$

实际的时间序列，其统计特性往往是错综复杂的，可能含有多个未知的周期分量及噪声干扰，因此采用有限的采样数据比较理想地识别其周期性规律往往是比较困难的，有兴趣的读者可进一步参考有关时间序列分析的文献和书籍。

5.3.2 平滑预测法

平滑预测法通常包括移动平均法和指数平滑法两种。

5.3.2.1 移动平均法

设有时间序列 $x_1, x_2, \cdots, x_n$，对其中连续 $N(N \leqslant n)$ 个数据点进行算术平均，得 t 时刻的移动平均值，记为 M_t：

$$M_t = \frac{x_t + x_{t-1} + \cdots + x_{t-N+1}}{N}$$

当用移动平均法进行超前一个周期预测时，采用移动平均值作为预测值 $\hat{x}_{t+1}$，即

$$\begin{aligned}\hat{x}_{t+1} = M_t &= \frac{x_t + x_{t-1} + \cdots + x_{t-N+1} + x_{t-N} - x_{t-N}}{N} \\ &= M_{t-1} + \frac{x_t - x_{t-N}}{N} \\ &= \hat{x}_t + \frac{x_t - x_{t-N}}{N}\end{aligned}$$

移动平均法虽然简单，但它一般只对发展变化曲线比较平缓、增长趋势不明显，并且与以往时期的情况联系不大的时间序列有效。

5.3.2.2 指数平滑法

指数平滑法实际上是一种特殊的加权移动平均法。其特点是：第一，指数平滑法进一步加强了观察期近期观察值对预测值的作用，对不同时间的观察值所赋予的权数不等，加大了近期观察值的权数，从而使预测值能够迅速反映市场实际的变化。权数按等比级数减小，此级数之首项为平滑常数 a，公比为 $(1-a)$。第二，指数平滑法对于观察值所赋予的权数有伸缩性，可以取不同的 a 值以改变权数的变化速率。据平滑次数不同，可将指数平滑法分为一次指数平滑法、二次指数平滑法和三次指数平滑法等。

(1) 一次指数平滑法

设有时间序列 $x_1, x_2, \cdots, x_t$，用全部历史数据加权平均，有：

$$\hat{x}_t = a_0 x_t + a_1 x_{t-1} + \cdots + a_{t-1} x_1$$

式中，

$$\begin{cases} 0 \leqslant a \leqslant 1 \\ \sum_{i=0}^{t-1} a_i = 1 \end{cases}$$

现取 $a_0 = \alpha, a_j = \alpha(1-\alpha)^j (j = 1,2,\cdots,t-1; 0 \leqslant \alpha \leqslant 1)$，于是：

$$\begin{aligned} \hat{x}_{t+1} &= \alpha x_t + \alpha(1-\alpha)x_{t-1} + \alpha(1-\alpha)^2 x_{t-2} + \cdots \\ &= \alpha x_t + (1-\alpha)[\alpha x_{t-1} + \alpha(1-\alpha)x_{t-2} + \cdots] \\ &= \alpha x_t + (1-\alpha)\hat{x}_t \end{aligned}$$

或

$$\hat{x}_{t+1} = \hat{x}_t + \alpha(x_t - \hat{x}_t)$$

$\hat{x}_{t+1} = \alpha x_t + (1-\alpha)\hat{x}_t$ 说明 $t+1$ 时刻的预测值可用前一时刻的实际值 x_t 和预测(拟合)值 $\hat{x}_t$ 加权组合得到，式中，x_t 为 t 时刻得到的关于时间序列的最新信息，而 $\hat{x}_t$ 为在 t 时刻前对 x_t 的估计，它包含 t 时刻之前获得的全部关于 x_t 的信息；而 $\hat{x}_{t+1} = \hat{x}_t + \alpha(x_t - \hat{x}_t)$ 表示 t 时刻的预测值 $\hat{x}_{t+1}$ 是获得新信息 x_t 后，用误差信息 $e_t = x_t - \hat{x}_t$ 来修正原来的预测值 $\hat{x}_t$ 获得的。显然，α 越大，表明越重视新信息的影响，但这种办法只能预测一期。

为适应一般情况，将 $\hat{x}_{t+1} = \alpha x_t + (1-\alpha)\hat{x}_t$ 改为：

$$\begin{aligned} S_t^{(1)} &= \hat{x}_{t+1} = \alpha x_t + (1-\alpha)\hat{x}_t \\ &= \alpha x_t + (1-\alpha)S_{t-1}^{(1)} \end{aligned}$$

同时取 $s_0 = x_1$，称 α 为平滑常数(系数)，称 $S_t^{(1)}$ 为 t 时刻的一次指数平滑值。

(2) 二次指数平滑法

可对一次平滑序列 $S_t^{(1)}$ 再进行一次指数平滑，称为二次指数平滑。设 $S_t^{(2)}$ 为二次指数平滑值，则有：

$$S_t^{(2)} = \alpha S_t^{(1)} + (1-\alpha)S_{t-1}^{(2)}$$

由 $S_t^{(1)} = \alpha x_t + (1-\alpha)S_{t-1}^{(1)}$ 和 $S_t^{(2)} = \alpha S_t^{(1)} + (1-\alpha)S_{t-1}^{(2)}$ 求得 $S_t^{(1)}$、$S_t^{(2)}$ 后，可用下面公式预测 t 时刻之后第 T 个时刻的值 $\hat{x}_{t+T}$。

$$\hat{x}_{t+T} = a_t + b_t T$$

且可以证明

$$a_t = 2S_t^{(1)} - S_t^{(2)}$$

$$b_t = \frac{\alpha}{1-\alpha}(S_t^{(1)} - S_t^{(2)})$$

(3) 三次指数平滑法

如果对 $\{x_t\}$ 的二次指数平滑值 $S_t^{(2)}$ 再进行一次平滑，得到三次指数平滑值 $S_t^{(3)}$：

$$S_t^{(3)} = \alpha S_t^{(2)} + (1-\alpha)S_{t-1}^{(3)}$$

此时，三次指数平滑的预测方程为：

$$\hat{x}_{t+T} = a_t + b_t T + c_t T^2$$

也可以证明：

$$\begin{cases} a_t = 3S_t^{(1)} - 3S_t^{(2)} + S_t^{(3)} \\ b_t = \dfrac{\alpha}{2(1-\alpha)^2}\left[(6-5\alpha)S_t^{(1)} - 2(5-4\alpha)S_t^{(2)} + (4-3\alpha)S_t^{(3)}\right] \\ c_t = \dfrac{\alpha^2}{2(1-\alpha)^2}\left(S_t^{(1)} - 2S_t^{(2)} + S_t^{(3)}\right) \end{cases}$$

从理论上讲，还可以对 $\{x_t\}$ 进行更多次的指数平滑。但在实际中，三次以上的平滑公式几乎不会用到。

不难看出，$\hat{x}_{t+T} = a_t + b_t T$ 及 $\hat{x}_{t+T} = a_t + b_t T + c_t T^2$ 提供了一种较为方便的能进行多期 $(T = 1,2,\cdots,n)$ 预测的方法。但是，这里仍有两个问题需要解决，即平滑系数 α 的选取，以及初始条件 $S_0^{(1)}$、$S_0^{(2)}$、$S_0^{(3)}$ 的确定。

在指数平滑中，平滑系数 α 对预测精度影响很大，因此它的选择十分重要。α 值代表模型对过程变化的反应速度，α 越大（向 1 接近），表示模型越重视近期数据的作用，对过程的变化反应越快。另外，α 值又代表预测系统对随机误差的修匀能力，α 越小（向 0 接近），表示模型越重视离现时更远的历史数据的作用；系统滤波（修匀）能力越强，对过程变化的反应越迟钝。为了兼顾预测系统既有一定的跟踪过程变化的能力，又有一定的滤波能力，α 的取值应在二者之间折中。

在实际中，应根据具体的预测问题，主要凭经验来选择 α 值，有下面几条原则可供参考。

① 如果对初始值的正确性有疑问，α 值宜取大一些，以便扩大近期数据的作用，迅速减小初始值的影响。

② 如果外部环境变化较快，数据随时产生大的变化，α 值宜取大一些（一般取 0.3～0.5），以便跟踪过程的变化。

③ 如果原始资料较缺乏，或历史资料的参考价值小（如历史统计数据准确性差），α 值宜取大一些。

④ 如果时间序列虽然具有不规则变动，但长期趋势比较稳定（如接近某一稳定常数），α 值应取得较小（0.05～0.2）。

⑤ 对变化甚小的时间序列，α 值宜取小一些（一般取 0.1～0.4），从而使较早观察值也能充分反映在平滑值中。

至于平滑序列初始值的确定，当时间序列原始数据样本较多、α 值较大时，可取：

$$S_0^{(1)} = x_1, S_0^{(2)} = S_0^{(1)}, S_0^{(3)} = S_0^{(2)}$$

平均绝对误差为：

$$\mathrm{MAE} = \frac{1}{n}\sum_{i=1}^{n}\left|x_i - \hat{x}_i\right| \tag{5-8}$$

而当数据点不够多、初始值对预测结果影响较大时，可取开始几个观测值的算术平均值、加权平均值或指数平均值作为初始值。

总之，无论是平滑系数 α，还是初始条件 $S_0^{(1)}$、$S_0^{(2)}$、$S_0^{(3)}$，对预测结果都有直接影响。那么，一般可以选择不同的 α 值，通过对预测结果的评价来选择较好的值。评价的原则主要有以下三个。

① 对不同的 α 值，由式(5-8)计算平均绝对误差，选择使 MAE 最小的 α 值。

② 用历史数据检验，即对每一个 α 值，用离现时较远的历史数据建立预测模型，“预测”离现时较近的历史(事后预测)，看符合程度如何，选用符合较好的 α 值。

③ 对不同 α 值的预测结果，采用专家评估法，取评价结果好的 α 值。

【例 5-1】 通过查阅某省安全生产监督管理局网站，得到了该省 2000—2009 年的煤炭年产量(表 5-2)。对该省 2000—2009 年这 10 年的煤炭年产量利用指数平滑法进行数据分析，预测今后一段时期的煤炭产量。

表 5-2　某省 2000—2009 年煤炭年产量

年份	2000	2001	2002	2003	2004	2005	2006	2007	2008	2009
产量/万 t	3 677	3 731	5 001	7 816	9 756.62	10 797.5	11 816	10 864	11 798	13 700

解：

(1) 指数平滑预测模型建立

一次指数平滑预测模型：　$S_t^{(1)} = \alpha x_t + (1-\alpha)S_{t-1}^{(1)}$

二次指数平滑预测模型：　$S_t^{(2)} = \alpha S_t^{(1)} + (1-\alpha)S_{t-1}^{(2)}$

(2) 平滑初值确定

由表 5-2 可知，时间序列包含 10 个历史数据，因此以前三项的算术平均值作为初值。即

$$S_0^{(1)} = S_0^{(2)} = \frac{x_1 + x_2 + x_3}{3} = 4\ 136.333\ 3$$

(3) 平滑系数选取

分别取 $\alpha = 0.1$、$\alpha = 0.3$、$\alpha = 0.5$、$\alpha = 0.7$、$\alpha = 0.9$ 进行对比，对比结果见图 5-1。

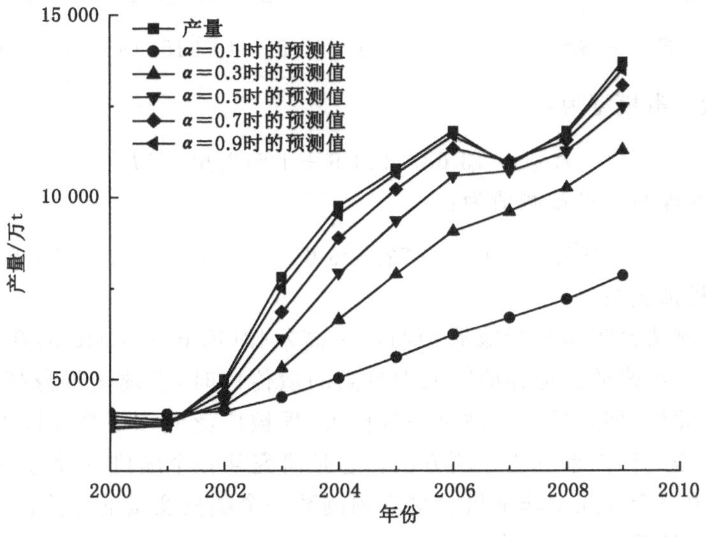

图 5-1　不同平滑系数下数据拟合情况

经计算平均绝对误差如下：

$$MAE_{[\alpha=0.1]} = 3\ 496.526\ 1, MAE_{[\alpha=0.3]} = 1\ 772.218\ 9,$$

$MAE_{[\alpha=0.5]} = 898.005\ 1, MAE_{[\alpha=0.7]} = 443.424\ 5, MAE_{[\alpha=0.9]} = 129.992\ 0$

因此选用 $\alpha = 0.9$ 进行预测。

(4) 指数平滑值计算

根据前述公式计算指数平滑值，如表 5-3 所示。

表 5-3 指数平滑值计算结果

年份	产量/万 t	$S_t^{(1)}$	$S_t^{(2)}$
2000	3 677	3 722.933 3	3 764.273 3
2001	3 731	3 730.193 3	3 733.601 3
2002	5 001	4 873.919 3	4 759.887 5
2003	7 816	7 521.791 9	7 245.601 5
2004	9 756.62	9 533.137 2	9 304.383 6
2005	10 797.5	10 671.063 7	10 534.395 7
2006	11 816	11 701.506 4	11 584.795 3
2007	10 864	10 947.750 6	11 011.455 1
2008	11 798	11 712.975 1	11 642.823 1
2009	13 700	13 501.297 5	13 315.450 1

(5) 预测模型

二次指数平滑模型为：

$$\hat{x}_{t+T} = a_t + b_t T$$

则有：

$$a_t = 2S_t^{(1)} - S_t^{(2)} = 2 \times 13\ 501.297\ 5 - 13\ 315.450\ 1 = 13\ 687.144\ 9$$

$$b_t = \frac{\alpha}{1-\alpha}(S_t^{(1)} - S_t^{(2)}) = 9 \times (13\ 501.297\ 5 - 13\ 315.450\ 1) = 1\ 672.626\ 6$$

故二次指数平滑模型为：

$$\hat{x}_{t+T} = 13\ 687.144\ 9 + 1\ 672.626\ 6T$$

如 2010 年的煤炭产量预测值为：

$$\hat{x}_{t+T} = 13\ 687.144\ 9 + 1\ 672.626\ 6 \times 1 = 15\ 359.771\ 5\ (万\ t)$$

5.3.3 回归分析预测法

回归分析预测法是英国科学家弗朗西斯·高尔顿(Francis Galton)在研究人类身高的遗传特性时首先提出来的。他在研究人类身高的遗传性时，发现父母身高在子女身高遗传上有回归现象。此后，回归的含义被进一步扩大，现被广泛应用于变量间的数量关系分析。回归分析预测法是一种因果分析预测方法。它是研究某一个随机变量与一个或几个变量之间的数量关系，用一个或几个非随机变量来预测某一个随机变量的方法。

5.3.3.1 回归分析预测法的概念

回归分析预测法是预测学的基本方法，根据预测的相关性原则，找出影响预测目标的各因素，并用数学方法找出这些因素与预测目标之间的函数关系的近似表达，再利用样本数据对其模型估计参数及模型进行误差检验，一旦模型确定，就可利用模型根据因素的变化值进行预测。

5.3.3.2　回归分析预测法的分类

回归分析预测法有多种类型。依据相关关系中自变量的个数，可将回归分析预测法分为一元回归分析预测法和多元回归分析预测法。在一元回归分析预测法中，自变量只有一个；而在多元回归分析预测法中，自变量有两个以上。依据自变量和因变量之间的相关关系，可将回归分析预测法分为线性回归预测法和非线性回归预测法。

5.3.3.3　回归分析预测法的步骤

(1) 根据预测目标确定自变量和因变量。明确了预测的具体目标，也就确定了因变量。

(2) 建立回归预测模型。依据自变量和因变量的历史统计资料进行计算，在此基础上建立回归分析方程，即回归预测模型。

(3) 进行相关分析。相关(回归)分析是对具有因果关系的影响因素(自变量)和预测对象(因变量)所进行的数理统计分析处理。只有当自变量与因变量确实存在某种关系时，建立的回归方程才有意义。因此，作为自变量的因素与作为因变量的预测对象是否相关，相关程度如何，以及判断这种相关程度的把握性有多大，就成为进行回归分析必须要解决的问题。进行相关分析，一般要求出相关关系，并以相关系数判断自变量和因变量的相关程度。

(4) 检验回归预测模型，计算预测误差。回归预测模型是否可用于实际预测，取决于对回归预测模型的检验和对预测误差的计算。回归方程只有通过各种检验，且预测误差较小，才能作为预测模型进行预测。

(5) 计算并确定预测值。利用回归预测模型计算预测值，并对预测值进行综合分析，确定最终的预测值。

正确应用回归分析预测法时应注意：① 定性分析判断现象之间的依存关系；② 避免回归预测的任意外推；③ 应用合适的数据资料。

5.3.3.4　线性回归模型

所谓线性回归模型，是指因变量和自变量之间的关系是直线型的。线性回归预测法是回归分析预测法中最简单和最常用的方法。

线性回归分析是对客观事物数量关系的分析，是一种重要的统计分析方法，被广泛应用于社会经济现象变量之间的影响因素和关联的研究。下面以一元线性回归分析为例加以说明，多元线性回归分析的内容请参考相关书籍。

(1) 一元线性回归预测模型

一元线性回归预测模型是分析一个因变量与一个自变量之间的线性关系的预测方法。常用统计指标包括平均数、增减量、平均增减量。

(2) 一元线性回归预测模型的建立

① 选取一元线性回归预测模型的变量；

② 绘制计算表和拟合散点图；

③ 计算变量间的回归系数及相关的显著性；

④ 回归分析结果的应用。

(3) 模型的检验

① 经济意义检验：根据模型中各个参数的经济含义，分析各参数的值是否与分析对象的经济含义相符。

② 回归标准差检验。

③ 拟合优度检验。

④ 回归系数的显著性检验。

(4) 利用回归预测模型进行预测

① 点预测法：将自变量取值代入回归预测模型求出因变量的预测值。

② 置信区间预测法：估计一个范围，并确定该范围出现的概率。置信区间的影响因素：因变量估计值、回归标准差、概率度 t。

(5) 一元线性回归分析预测法公式表达

一元线性回归分析预测法，是根据自变量 X 和因变量 Y 的相关关系，建立 X 与 Y 的线性回归方程进行预测的方法。

① 模型建立

一元线性总体回归模型如下：

$$Y_i = b_0 + b_1 X_1 + \mu_1, i = 1,2,\cdots,n(\mu_1 \text{ 为随机误差项}) \tag{5-9}$$

样本回归模型如下：

$$y_i = \hat{b}_0 + \hat{b}_1 x_1 + e_1, i = 1,2,\cdots,n(e_1 \text{ 为残差}) \tag{5-10}$$

对于给定的一个样本，总体回归模型的近似估计为：

$$\hat{y}_i = \hat{b}_0 + \hat{b}_1 x_1 \text{（样本回归方程，又称为经验方程）} \tag{5-11}$$

式(5-10)又可以写成式(5-12)的形式。

$$y_i = \hat{y}_i + e_1 \tag{5-12}$$

根据最小二乘法原理，使总离差平方和最小，得下列正规方程组。

$$\begin{cases} -2\sum_{i=1}^{n}(Y_i - \hat{b}_0 - \hat{b}_1 X_i) = 0 \\ -2\sum_{i=1}^{n}X_i(Y_i - \hat{b}_0 - \hat{b}_1 X_i) = 0 \end{cases}$$

解正规方程组，便可获得两个参数 $\hat{b}_0$ 和 $\hat{b}_1$ 的最小二乘估计量。

$$\hat{b}_1 = \frac{\sum_{i=1}^{n} X_i Y_i}{\sum_{i=1}^{n} X_i^2 - n\overline{X}^2}, \hat{b}_0 = \overline{Y} - \hat{b}_1 \overline{X}$$

② 回归模型的检验

a. F 检验

对于简单线性回归，可以导出总平方和(SSTO)的分解公式。

$$\text{SSTO} = \sum_{i=1}^{n}(\hat{Y}_i - \overline{Y})^2 + \sum_{i=1}^{n}(Y_i - \hat{Y}_i)^2 = \text{SSR} + \text{SSE} \tag{5-13}$$

$$\text{SSR} = \sum_{i=1}^{n}(\hat{Y}_i - \overline{Y})^2 \tag{5-14}$$

$$SSE = \sum_{i=1}^{n} (Y_i - \hat{Y}_i)^2 \tag{5-15}$$

其中，式(5-14)是回归平方和；式(5-15)是残差平方和。

对应平方和的分解，自由度也可作相应的分解。总平方和的自由度是 $n-1$，而残差平方和的自由度是 $n-2$，因而只剩下 1 作为回归平方和的自由度。这样总自由度可以分解为 $n-1=1+(n-2)$。

用各项平方和除以相应的自由度，可得各项均方。

回归均方：　　　　　　　　$MSR=SSR/1=SSR$

残差均方：　　　　　　　　$MSE=SSE/(n-2)$

要检验总体两变量间是否真正线性相关，可以检验总体的回归系数 b_1 是否等于零。

提出零假设、备择假设：

$$H_0: b_1 = 0; H_1: b_1 \neq 0$$

当 X 与 Y 有线性关系时，可以用 F 统计量检验零假设 H_0。

$$F = \frac{MSR}{MSE} \sim F(1, n-2)$$

此时，给定显著性水平 α，计算 F 值并与查分布表得到的 F 值比较。如果 $F \leqslant F_\alpha(1, n-2)$，则称变量 X 与 Y 没有明显的线性关系，接受 H_0，说明回归方程不显著；如果 $F > F_\alpha(1, n-2)$，则拒绝 H_0，说明 X 与 Y 有显著的线性关系。

b. t 检验

对于回归系数 $\hat{b}_1$，提出零假设、备择假设

$$H_0: \hat{b}_1 = 0; H_1: \hat{b}_1 \neq 0$$

一般样本容量不满足大样本条件，当 $n \geqslant 30$ 时，要用 t 分布检验法。

$$t = \frac{\hat{b}_1}{S_{\hat{b}_1}} \sim t(n-2)$$

$$|t| < t_{\frac{\alpha}{2}}(n-2) \tag{5-16}$$

其中，$n-2$ 为自由度。

如果式(5-16)成立，则认为假设 $H_0: \hat{b}_1 = 0$ 成立的概率很大，接受 H_0，说明回归方程不显著；反之，则认为假设 $H_0: \hat{b}_1 = 0$ 成立的概率很小，拒绝 H_0，说明 X 与 Y 有显著的线性关系。

c. 决定系数 R^2

由样本回归模型和样本回归方程，可以得到：

$$Y_i - \overline{Y} = (\hat{Y}_i - \overline{Y}) + (Y_i - \hat{Y}_i) \tag{5-17}$$

式(5-17)把被解释变量的总偏差分解成相应的可解释偏差(回归偏差)和残差(随机偏差)两部分。

SSR 在 SSTO 中所占比例越大，SSE 在 SSTO 中所占比例越小，说明回归系数估计值的显著性越强。因此，可以用 SSR 在 SSTO 中所占的比例表示样本回归直线与样本观察值拟合的程度，定义如下。

$$R^2 = \frac{SSR}{SSTO} = \frac{\sum_{i=1}^{n}(\hat{Y}_i - \overline{Y})^2}{\sum_{i=1}^{n}(\hat{Y}_i - \overline{Y})^2 + \sum_{i=1}^{n}(Y_i - \hat{Y}_i)^2}$$

R^2可以表示拟合的程度，称为决定系数或拟合优度，$0 \leqslant R^2 \leqslant 1$。

决定系数 R^2是一个回归直线与样本观测值拟合优度判定的指标。一个线性回归模型如果充分利用了 X 的信息，则 R^2越大，拟合优度就越好；反之，如 R^2不大，说明模型中给出的 X 对 Y 的信息还不够充分，应进行修改，使 X 对 Y 的信息得到充分利用。

(6) 一元线性回归模型的点预测和区间估计

① 一元线性回归模型的点预测

给定观察值 X_0，可用式(5-18)预测某一个新的 $\hat{Y}_0$ 值：

$$\hat{Y}_0 = \hat{b}_0 + \hat{b}_1 X_0 \tag{5-18}$$

② 一元线性回归模型的区间估计

对于预测问题，除了知道点估计的预测值外，还希望知道预测的精度，这是因为点估计不能给出与估计有关的任何准确信息。

给定观察值 X_0，新的 $\hat{Y}_0$ 值具有的方差是平均估计的方差加回归模型的方差：

$$\sigma^2(\hat{Y}_0) = MSE\left[\frac{1 + \frac{1}{n} + (X_0 - \overline{X})^2}{\left(\sum_{i=1}^{n} X_i^2 - n\overline{X}^2\right)}\right]$$

在显著性水平 α 下，相依变量 Y 的某一个新值 Y_0的置信度为 $100(1-\alpha)\%$的预测区间为：

$$\left(\hat{Y}_0 - t\left(\frac{\alpha}{2}, n-2\right)\sigma(\hat{Y}_0), \hat{Y}_0 + t\left(\frac{\alpha}{2}, n-2\right)\sigma(\hat{Y}_0)\right)$$

5.3.3.5 非线性回归模型

在社会现实经济生活中，很多现象之间的关系并不是线性关系，对这种类型现象的分析预测一般要应用非线性回归预测法。非线性回归预测法/非线性回归分析是线性回归分析的扩展，通过变量代换，可以将很多的非线性回归转化为线性回归。因而可以用线性回归方法解决非线性回归预测问题。

线性回归模型分析的线性经济变量关系只是经济变量关系中的特例，现实中的多数经济变量关系是非线性的。对于无法通过初等数学变换转化为线性回归模型的非线性经济变量关系，必须直接用非线性变量关系进行分析。即使非线性变量关系可以通过初等数学变换转化为线性回归模型，也可能造成模型随机误差项性质的改变，在这种情况下，常常也是直接作为非线性回归模型进行分析比较有利。

(1) 非线性函数形式的确定

选择合适的曲线类型不是一件轻而易举的工作，主要依靠专业知识和经验。常用的曲线类型有幂函数、指数函数、抛物线函数、对数函数和 S 型函数。选择回归函数的具体形式应遵循以下原则：

① 函数形式应该与经济学的基本理论相一致。

② 方程有较高的拟合优度，说明函数形式选取较为适当。

③ 函数的形式应尽可能简单。

(2) 非线性回归预测模型的种类

非线性回归预测模型有很多，其中除“直线回归方程(LIN)”外的对数曲线方程(LOG)、反函数曲线方程(INV)、二次曲线方程(抛物线)(QUA)、三次曲线方程(CUB)、复合曲线方程(COM)、幂函数曲线方程(POW)、S 形曲线方程(S)、生长曲线方程(GRO)、指数曲线方程(EXP)与 logistic 曲线方程(LGS)等均为非线性回归方程。当然，还有双曲线回归方程、超指数曲线方程等许多非线性回归方程，可用于预测预报。

常见的非线性回归方程形式如下。

抛物线函数：

$$Y = a + bX + cX^2$$

双曲线函数：

$$Y = a + b\left(\frac{1}{X}\right)$$

幂函数：

$$Y = aX_1 b_1 X_2 b_2 \cdots X_k b_k$$

指数函数：

$$Y = ab^X$$

对数函数：

$$Y = a + b\ln X$$

S 形曲线函数：

$$Y = \frac{1}{a + b\mathrm{e}^{-X}}$$

对非线性回归方程，常常将其线性化后，采用线性方程形式进行估计。常用的变换方法有如下几种。

倒数变换——如对于双曲线函数，设 $Z=1/X$，则原函数化为如下线性形式：

$$Y = a + bZ$$

半对数变换——如对于对数函数，设 $Z = \ln X$，则原函数变换为：

$$Y = a + bZ$$

(3) 化非线性回归为线性回归

在实际问题中，当变量之间的相关关系不是线性相关关系时，不能用线性回归方程描述它们之间的相关关系，需要进行非线性回归分析；然而，非线性回归方程一般很难求解，因此，需要把非线性回归化为线性回归。

所研究对象的物理背景或散点图可帮助我们选择适当的非线性回归方程：

$$\hat{y} = \mu(x; a, b)$$

其中，a 和 b 为未知参数(在此仅讨论含两个参数的非线性回归方程)。为求参数 a 和 b 的估计值，往往可以先通过变量置换，把非线性回归化为线性回归，再利用线性回归的方法确定参数 a 和 b 的估计值。

下面列出常用的曲线方程(表 5-4)，并给出相应的将其转化为线性方程的变量置换公式，以帮助观察散点图、确定回归方程的类型。不过，值得注意的是，散点图毕竟只是相关关系的粗略表示，有时散点图可能与几种曲线都很接近，此时建立相应的回归方程可能都是合理的；但是一个非线性回归问题，由于选择不同的非线性回归方程，得到同一个问题的多个不同回归方程，哪一个回归方程最优呢？对于能化为一元线性回归的问题，可以通过计算样本相关系数的办法来解决，样本相关系数的绝对值最大的对应最优的回归方程。

表 5-4　常用的曲线方程转化为线性方程的变量置换公式

曲线方程	变换公式	变换后的线性方程
$\frac{1}{y}=a+\frac{b}{x}$	$X=\frac{1}{x}$ $Y=\frac{1}{y}$	$Y=a+bX$
$y=ax^b$	$X=\ln x$ $Y=\ln y$	$Y=a'+bX$ $a'=\ln a$
$y=a+b\ln x$	$X=\ln x$ $Y=y$	$Y=a+bX$
$y=ae^{bx}$	$X=x$ $Y=\ln y$	$Y=a'+bX$ $a'=\ln a$
$y=ae^{\frac{b}{x}}$	$X=\frac{1}{x}$ $Y=\ln y$	$Y=a'+bX$ $a'=\ln a$

思　考　题

1. 预测方法有哪几大类？各有何特点？

2. 如何利用定性预测方法评估矿业工程中可能面临的风险？请列举具体的因素和方法，并说明其在矿业工程中的重要性和应用场景。

3. 什么是时间序列？以矿业系统为例，举例说明。

4. 如何利用平滑预测法优化矿业工程中的资源需求规划？探讨平滑预测法在矿业工程决策中的作用和局限性，以及如何应对不确定性因素，实现可持续发展目标。

5. 如何运用系统预测的方法，精准把握并预测采矿行业未来的发展趋势与动态？

第6章　矿业系统评价

6.1　矿业系统评价概述

6.1.1　系统评价的定义

系统评价是指根据确定的目的，利用最优化的结果和各种资料，用技术经济的观点对比各种代替方案，考虑成本与效果之间的关系，权衡各个方案的利弊得失，选择出技术上先进、经济上合理以及现实中可行的、良好的或满意的方案。

系统评价在系统工程中是一个非常重要的问题，同时也是一项非常困难的工作。系统工程是一门解决问题的技术，也就是说，在系统开发过程中，通过系统工程的思想、程序和方法的应用，不仅能提出许多开发系统的替代方案，而且还要通过系统评价技术从众多的替代方案中找出所需的最优方案。然而要决定哪一个方案"最优"却未必容易。这是因为对于复杂的大系统或内容不详的问题来说，"最优"这个词含义并不十分明确，而且评价是否为"最优"的尺度（标准）也是随着时间而变化和发展的。如以矿业系统为例来进行评价，在评估一个矿山的开采方案时，过去我们只关注矿山的储量、开采成本和经济效益；但随着对环境保护和可持续发展的重视，我们不仅要考虑矿山的储量和开采成本等经济因素，还需要考虑矿山开采对当地环境的影响，如水土流失、植被破坏和水资源利用等；此外，矿山的可持续性问题也必须考虑，包括资源枯竭后的关闭和恢复、对当地经济的贡献等。

在矿业系统评价方法研究中，许多中国学者作出了重要贡献。蔡美峰院士在矿业系统安全评价和风险管理方面进行了深入研究，提出了基于风险矩阵的矿业系统安全评价方法；王运敏院士提出了基于多目标决策和模糊数学的矿业系统评价方法；古德生院士提出了基于灰色系统理论和人工神经网络的矿业系统评价方法。他们在矿业系统评价方面的研究成果不仅丰富了矿业系统评价的理论体系，而且为矿山企业的安全生产和可持续发展提供了有力的支持。

6.1.2　系统评价的作用

系统评价的作用在于从评价主体根据具体情况所约定的、可能是模糊的评价尺度出发，进行首尾一贯的、无矛盾的价值测定，以获得对大多数人来说都可以接受的评价结果，为决策提供正确的信息。系统评价是系统分析中的一个重要环节，是系统决策的基础，没有正确的评价就没有正确的决策。具体来说，其作用主要表现在以下几方面。

（1）系统评价是系统决策的基础，是方案实施的前提。

（2）系统评价是决策人员进行理性决策的依据。应以系统目标为依据，从多个角度对多个方案进行理性评估，选出最优方案。

(3) 系统评价是决策者和方案执行者之间相互沟通的关键。决策者为了使执行者信服并积极完成任务,可以通过评价活动促进执行者对方案的理解。

(4) 系统评价有利于事先发现问题,并对问题加以解决。在系统评价过程中可进一步发现问题,有利于进一步改进系统。

6.1.3 系统评价的原则

基于系统评价的重要性和复杂性,为了更好地做好系统评价工作,有些基本原则必须遵守。

(1) 评价具有客观性。评价是为了决策,因此,评价的好坏直接影响决策的正确与否。评价必须客观地反映实际,为此要做到以下几点。

① 保证评价资料的全面性和可靠性。

② 防止评价人员的倾向性。

③ 评价人员的组成要有代表性、全面性。

④ 保证评价人员能自由发表观点。

⑤ 要保证专家人数在评价人员中占有一定比例。

(2) 要保证方案的可比性。替代方案在保证实现系统的基本功能上要有可比性和一致性。评价时绝不能以点概面、“一俊遮百丑”。个别功能的突出只能说明其相关方面具有优势,不能代替其他方面的得分。可比性还包括对某个标准而言,必须能够对方案作出比较,不能比较的方案当然谈不上评价;但实际上有很多问题是不能作出比较或者不容易作出比较的,对这点必须有所认识。

(3) 指标构成系统。评价指标自身应为一个系统,具有系统的一切特征。另外,评价指标必须反映系统目标,因此,它应该包括系统目标所涉及的一切方面。由于系统目标是多元、多层次、多时序的,评价指标也具有这些特点。但这些指标并不是杂乱无章的,而是一个有机整体。制定评价指标必须注意它的系统性,即使对定性问题也应有恰当的评价指标或者规范化的描述,以保证评价不出现片面性。

另外,评价指标必须与所在地区和国家的方针、政策、法令的要求相一致,不允许有相悖和疏忽之处。在实际应用中关于评价的原则问题,视具体问题不同应有侧重之处。

6.1.4 矿业系统评价的步骤

系统评价是一项复杂的系统工程,为了保证过程的高效及有效,需要遵循一定步骤。图 6-1 为系统评价的一般步骤。

6.1.4.1 评价系统分析

在正式进行系统评价前,有必要对评价系统进行分析,探讨和明确一系列前提条件,这是做好系统评价的首要工作。其内容包括:

(1) 评价目的。总的来说,评价是为了更好地决策,但具体的评价目的主要有四个方面:

① 使评价系统达到最优。为了使系统结构或技术参数达到最优,有必要定量化评价系统各种替代方法的价值。

② 对决策的支持。当评价者或决策者在选择最优方案的过程中,对替代方案的各种价值感到迷茫不解时,评价提供的信息可供决策参考。例如,对重大政策的选择、复杂情况的判断以及对未来的预测等,若有相应的评价信息,都可为决策提供极大支持。

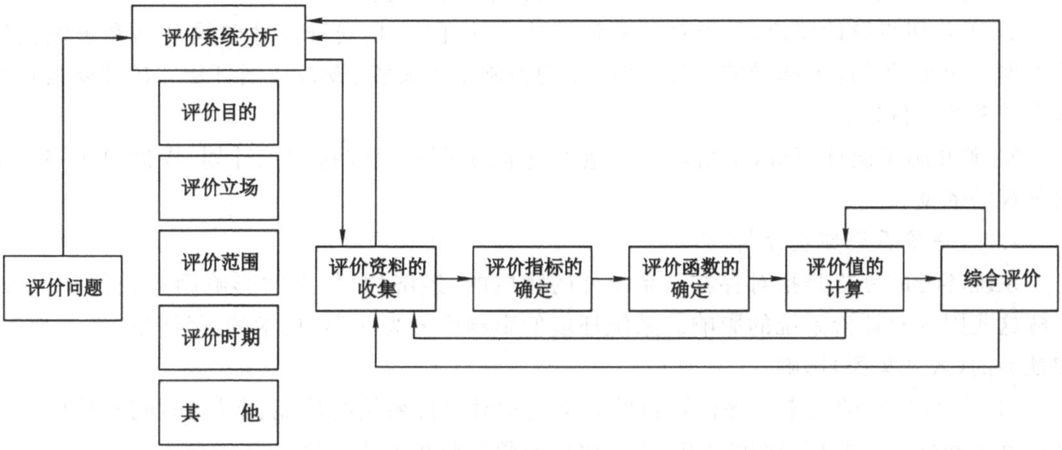

图6-1　系统评价的一般步骤

③ 决定行为的说明。当决策者推行某项政策,决定开发某个系统或引进某项先进技术时,对于决策者来说,为什么要决定采取这些行为是经过细致分析的,对这些行为的采取与否、带来怎样的利弊都是比较明确的。

④ 问题的分析。评价的过程往往是问题分析的过程。有许多评价问题,如风险分析、技术预测等,利用一定的评价方法,可以把复杂的问题分解成简单易懂的小问题,再通过对这些小问题的分析和评价,就能获得系统的综合评价。

从上述系统评价的目的来看,所谓评价,就是让自己和他人能更好地领会和认识某种人类行为的手段。

(2) 评价范围。它主要是确定系统的边界,即所评价的对象涉及的范围,如评价问题涉及哪些领域、哪些部门等,在采矿领域,就包括井巷工程、采矿方法、通风安全技术、矿山机械、矿山供电、矿山经济与管理、矿山地质等分支内容。在评价中应当考虑这些因素并选取相对应的部门人员参加评价。评价系统的范围不应过小,以免忽略重要影响因素而有失系统性;同时,也不应过大,以免评价问题过分复杂化。

(3) 评价立场。在进行系统评价时必须明确评价主体的立场,即明确评价主体是系统使用者还是开发者或第三者等,这对于以后评价方案的确定、评价项目的选择等都有直接的影响和关系。以矿山系统为例:若煤矿公司本身为主体,则其关心的评价项目主要有快速、高效、低廉等;而对矿山工人来说,其评价项目主要有安全、舒适、高回报等;从煤矿管理部门的角度来看,其关心的评价项目则是安全、清洁、绿色等。如果要对系统进行综合评价,那么就要选择上述的一些主要评价项目,构成一个综合评价的项目体系。

(4) 评价时期。即系统评价处于系统开发全过程的哪个时期。如以矿井设计为例,其评价一般分为如下几个时期。

① 矿井预可行性研究评价,是指对矿井建设项目经济意义的初步评价,应根据批准的井田详查或勘探地质报告进行,其研究报告可以为矿井可行性研究提供决策依据。

② 矿井可行性研究评价,是指对矿井开发建设经济意义的详细评价,是对拟建矿井的必要性、技术可行性和经济合理性进行科学论证和具体分析研究,其结果可以为该矿井建设

项目投资决策提供依据，应根据批准的井田勘探地质报告进行。

③ 矿井初步设计评价，是指对矿井建设技术的评价，是安排矿井建设计划和组织实施的依据。初步设计应能指导施工图设计，作为控制工程投资、设备选型订货和矿井验收移交即生产考核的依据。

④ 矿井施工设计评价，是指对矿井施工技术的评价，是安排施工计划、提供说明书和编制预算的依据。

6.1.4.2 评价系统环境分析

系统环境的分析是指对存在于系统外的物质的、经济的、信息的影响因素进行分析，以了解这些因素对评价系统的影响。系统环境的影响可分为三类：技术的、经济的（经营管理）和社会的（人及集团）影响。

（1）评价资料的收集。评价资料的收集是指对评价系统的功能、费用、时间及使用寿命进行预测和估计，为设定评价尺度、建立评价函数等收集所需资料。

（2）评价指标的选择。评价指标的选择是由评价目标与实际情况共同决定的。具体选择时应注意以下几点。

① 评价指标必须与评价目的和目标密切相关。

② 评价指标应当构成一个完整的体系，即全面反映所需评价对象的各个方面。

③ 评价指标总数应尽可能少，以降低评价负担。当评价对象较为复杂时，可以采用ISM(interpretive structure modeling，解释结构建模法)这样的方法厘清评价指标间的结构关系。

（3）评价函数的确定。评价函数是使评价量化的一种数学模型。不同问题使用的评价函数可能不同，同一个评价问题也可以使用不同的评价函数。因此，对选用什么样的评价函数本身也必须作出评价。一般应选用能更好地达到评价目的的评价函数或其他更适宜的评价函数。

评价函数本身是多属性、多目标的。尤其当评价目的在于形成统一意见或进行群决策时，在确定评价函数时会产生不同的看法。因此，在对系统评价之前，应该在有关人员之间进行充分的无拘束的讨论，否则难以获得有效的评价。

（4）评价值的计算。当评价函数确定后，评价尺度也随之而定。在计算评价值之前，还需要确定各评价项目的权重。总之，评价尺度和评价项目的权重应保证评价的客观正确和有效。

（5）综合评价。综合评价是指对系统进行技术（功能）、经济、社会等各方面的全面评价。以矿井设计项目为例，一个完整的综合评价体系大致包括以下几个方面。

① 技术方面。包括矿井设计的设计方案、开拓方案、回采方案、安全性等是否合理、可靠等方面的评价。另外，从现有技术、生产水平来看，是否能进行正常生产等也需要进行评价。

② 时间方面。从矿井设计的建设现状、处于哪个阶段等方面进行预测和评价。

③ 经济方面。从矿井所需开发成本、建设成本、经营费用等方面进行评价。

④ 社会方面。从能否满足社会需要、促进地区经济发展、保护环境等方面进行评价。

总之，综合评价的各个方面和评价项目不能一概而论，应根据具体评价对象而定。

6.2　矿业系统评价的指标体系

从系统的观点来看，系统评价的指标体系是由若干个单项评价指标所构成的有机整体，它应能反映所要解决的问题的各项目标要求。指标体系要全面、合理、科学、实用，并基本上能为有关部门和人员所接受。

6.2.1　评价指标体系的确定

评价指标体系的确定是一项复杂的工作，不同系统有不同的评价指标，同一系统在不同的环境下其指标也有所不同，一般从经济、社会、技术、资源、风险、政策、时间等方面来确定评价指标。评价指标体系的确定应体现系统思维，即确保评价指标能够全面、准确地反映系统的复杂性和多样性，从而支持科学决策，促进矿业的可持续发展。

(1) 经济性指标。包括方案成本、产值、利润、投资额、税金、资金流动占用额、投资回收期、建设周期、地方性的间接利益等。

(2) 社会性指标。包括社会福利、社会节约、综合发展、就业机会、社会安定、生态环境、污染治理等。

(3) 技术性指标。包括产品的性能、寿命、可靠性、安全性、工艺水平、设备水平、技术引进等，以及工程地质条件、设施、设备、建筑物、运输等技术指标要求。

(4) 资源性指标。包括项目所涉及的物资、水源、能源、信息、土地、森林等。

(5) 政策性指标。包括政府的方针、政策、法令、法律约束、发展规划等方面的要求。这项指标对于国防和关系国计民生方面的重大项目或大型系统尤为重要。

(6) 时间性指标。如工程进度、时间节点、周期等。

(7) 其他指标。主要是指针对具体项目的某些指标。

6.2.2　构建评价指标体系的原则

评价指标是作为一种尺度来考核各备选方案的，并且要将考核的结果作为系统优选和决策的依据。因此，确定指标体系应遵从一些普遍性的基本原则。

(1) 整体性原则。指标体系从总体上反映各个方案的效果，所以要构建层次清楚、结构合理、相互关联、协调一致的指标体系，保证对方案评价的全面性和可信度。

(2) 科学性原则。以科学理论为指导，按照统一标准划分指标的层次和类别，从而使整体指标体系能将定性指标和定量指标相结合，正确反映系统整体和内部各要素之间的相互联系。

(3) 可比性原则。指标体系的建立是为了进行方案比较，所以指标的含义必须明确，还要考虑数据资料的可得性。另外，指标设计必须符合国家和地方的方针、政策、法规，口径和计算要与通用的会计、统计、业务核算协调一致。

6.2.3　建立评价指标体系的方法

用于建立系统评价指标体系的方法有很多，这里着重介绍目标分析法、输出分析法和德尔菲法。

6.2.3.1　目标分析法

目标分析法首先确定系统目标，然后从系统目标入手，通过对目标进行分解来建立系统综合评价指标体系。其具体步骤如下。

(1) 确定系统目标。

(2) 将系统目标不断进行分解,直到各子目标能够用定量或定性的指标衡量为止。

(3) 根据分解得到的目标体系,建立评价指标体系。

例如,一个矿井的开发,就是一个多目标决策的问题。这些目标包括技术、经济、环境、与国家政策一致性等几个方面。这些目标很难直接由一个或几个指标来衡量。所以,应进一步分解成更加具体的子目标,直到可用便于处理的一个或几个评价指标来衡量这些子目标为止,如图 6-2 所示。

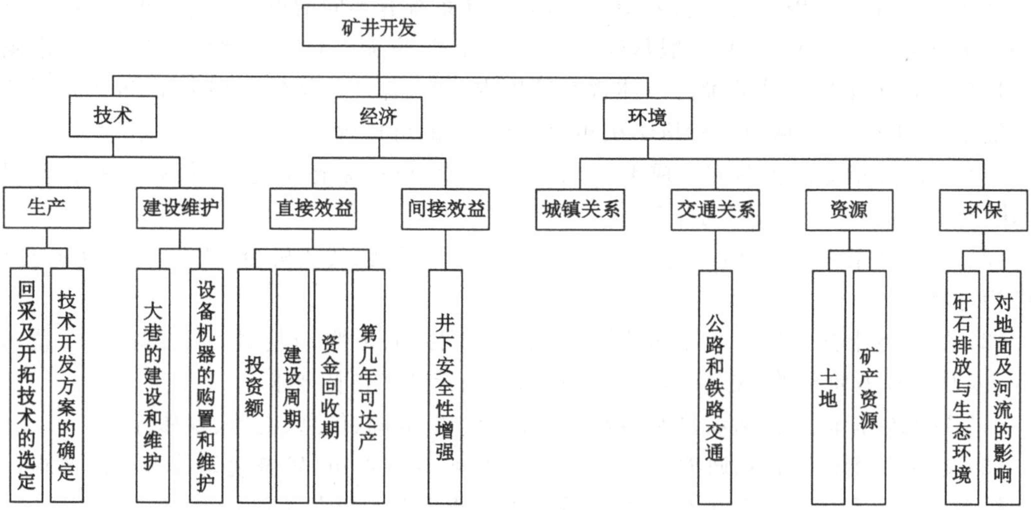

图 6-2 矿井开发目标体系结构

6.2.3.2 输出分析法

输出分析法适用于在对系统的内容、结构不了解或不需要更多了解的情况下建立系统的评价指标。它主要根据系统的输出特性,从技术、经济、社会、生态环境、风险等方面建立系统综合评价指标体系。例如,用输出分析法建立一个企业信息系统的评价指标体系,经济方面可以用利润、成本、资金流动率等指标衡量,技术方面可以用集成实现能力等指标衡量,社会方面可以用企业形象等指标反映,生态环境方面可以用环境污染指标等指标反映。这些指标的综合,就能反映企业的总体状况。

6.2.3.3 德尔菲法

德尔菲法是通过反复征求专家意见建立系统评价指标体系的一种方法。这种方法有广泛的代表性,而且简单易行。该方法的步骤如下:

(1) 组成专家小组。

(2) 向所有专家提出问题及有关要求,并附上有关问题的所有背景资料。

(3) 各位专家根据他们收到的资料,提出自己的意见。

(4) 将各位专家第一次判断意见汇总,列成图表,进行对比,再分发给各位专家,让专家比较自己同他人的不同意见,修改自己的意见和判断。

(5) 将所有专家的修改意见收集起来,汇总,再次分发给各位专家,以便进行第二次修改。

(6) 对专家的意见进行综合处理。

6.3　矿业系统评价理论与方法

有关系统评价的理论和方法，归纳起来大致可以分为三类：

第一类是以数理为基础的理论。它以数学理论和解析方法对评价系统进行严密的定量描述和计算。为了使评价能够正常进行而不会出现矛盾，经常需要假定一些条件。但有些假定条件在评价实际问题时未必能够满足。因此，这类理论和方法不能完全照搬利用。但由于它整理了有关评价的问题，且评价目标和约束条件要清楚明了，因而系统评价人员必须作为知识来理解和掌握它。

第二类是以统计为主的理论和方法。通过统计数据来建立只能凭感觉而不能测量的评价项目的评价模型，如果有了经过人们判断的、足够的统计数据，则进行定量方面的评价也不是不可能的。可以说，这是一种试验性的评价方法，也是心理学领域的常用方法。但由于是统计处理，还存在少数人行为在评价中不能反映的缺点。

第三类是重现决策支持的方法。也就是说，与其想方设法对评价系统进行客观而正确的评价，倒不如研究如何才能比较容易地确定与目标一致的人类行为。目前，常用的计算机仿真技术就是这一类的有效方法。

6.3.1　评价理论

6.3.1.1　效用理论

最早科学地提出评价问题的是冯·诺依曼(von Neumann)的效用理论。所谓效用，可理解为当某个评价主体或决策主体在许多替代方案中选用某一替代方案时，总要把该方案说得很好、很重要。也就是说，此时该方案的效用最大。所以，只能通过效用对各替代方案进行相对比较。即“效用”只意味着选择顺序，既没有标准也不是数量，从这一点上来说，其应用就很困难。故要考虑具有相同效用的选择顺序的数量函数。这种函数关系就叫作效用函数，所谓效用函数就是用数学的方法来描述效用与效用函数间的关系。

由上述可知，效用尺度是一种顺序尺度。例如，某矿对其开拓方案拿不定主意，于是考虑了立井、斜井和平硐开拓三个替代方案，将其分别记作 X、Y、Z。则其评价如图 6-3 所示的树形图一样，而 X、Y、Z 的效用，可以用地质条件来确定。如果认为斜井比立井好，立井比平硐好，则 Y 的效用最大，Z 的效用最小。其选择的顺序关系如下：

$$Y>X, X>Z$$

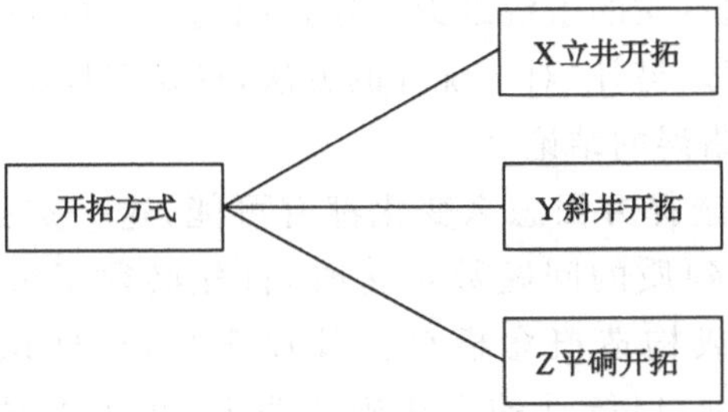

图 6-3　替代方案树形图

所以说,在测量效用时,一定要与其他替代方案进行对比,只有一个方案是不能进行评价的。

若 X、Y 这两个替代方案具有相同的效用而无法排序,即 X 和 Y 没有差别,此时可以写成:

$$X \sim Y$$

如写成 X>Y 则表示 X 的效用大于 Y 的效用。这里考虑 X、Y 和 Z 的某一函数 U,则 U(X)、U(Y)和 U(Z)值的大小关系与替代方案的选择顺序一致,可以用下式表达:

$$U(X) > U(Y) > U(Z)$$

这样的函数称为效用函数。若应用效用函数,由于能用数值来表示替代方案的评价结果,使用方便。但其数值大小只表示顺序尺度,本身没有意义。U 的值如图 6-4 所示,称为效用曲线。如果曲线有单调性,则无论什么函数都没有影响。

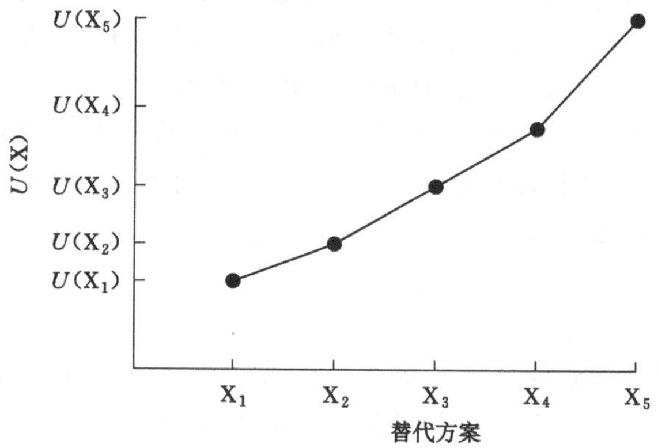

图 6-4　效用曲线

总之,效用理论是以评价主体个人的价值观为基础而建立起来的数学理论,其中包含许多假定,因此,一般不能原封不动地应用到实际中。如何构成实际需要的效用,还要在行为科学和心理学领域开展试验研究。效用理论作为评价理论的基础,从事评价研究的人应该很好地掌握它。

6.3.1.2　*确定性理论*

确定性理论主要采用统计的方法使评价数量化,此时需要收集足够数量的、质量相等的数据,同时要有能看透问题本质的敏锐眼力。这是因为在人的心里感觉方面没有客观的尺度,能相当自由地选择数据。另外,对于统计的方法,只要有数据谁都能使用,所以若机械地照搬这种方法可能会得出错误的结论。

评价的数量化在数据选择方面怎么变化都有可能,这一点是与自然科学和工程学问题不相同的地方。因而碰到质的问题数量化时,首先必须了解评价的目的,吃透问题的实质,这相当于设立假定或构造概念模型。其程序是,在确认使用统计方法的妥当性和有效性后,收集适当数据,以统计的方法确认假定,并在数据通过检验后,在一定程度上建立起数量化的模型,进行属性评价或综合评价。即从许多被认为是非独立的关于评价属性的数据中,找出任意两个属性之间的关系,然后用相应的分析评价方法进行评价。

6.3.1.3　不确定性理论

评价处于迷惑不解的困境，多数情况是发生在含有不确定因素的决策问题中。但如果已经掌握事件发生的概率，则可以用期望值作为评价函数，以便作为确定性问题来处理。即使在缺乏数据的情况下，也可凭借专家的经验和直观判断，以及过往发生的概率，对事件发生的可能性作出定量估计。这种估计称为主观概率，随着主观概率信息的增加，便逐渐接近客观概率。

6.3.1.4　非精确理论

除了事件发生的不确定性以外，还有人的认识所固有的模糊性(非确定性)。例如，用语言描述的“大”“红”“好”等概念以及审判、诊断、人物评价等综合判定，本质上都是定性的东西。为了进行这种评价，需要应用模糊集理论。

6.3.1.5　最优化理论

评价对象的数学模型本身也可能成为评价函数。如数学规划方法就是一个典型的例子，数学规划本身具有普遍性和严密性，得到的评价也是比较客观的。典型的数学规划方法有线性规划、整数规划、非线性规划、动态规划和多目标规划等。

6.3.2　评价方法

评价方法发展至今，已有数十种。这里就常用的几种方法列举如下。

(1) 费用-效益分析法

费用-效益分析法是一种用于评估各种项目、措施或策略的效益和成本的方法。它通常被用于评估公共政策、建筑项目、环保方案、医疗卫生计划和其他各类策略。费用-效益分析的目的是通过比较成本和效果来帮助决策者作出最佳的选择，通常包括以下步骤：

① 确定分析问题的范围和目的，以及评估的时间段。

② 列出与问题相关的所有成本和效果。

③ 量化各项成本和各个效果。

④ 确定加权效益/成本比例，可以通过一个单位效果的成本除以一个单位成本的效益来计算。

⑤ 对方案进行比较并选择最优解。

(2) 关联矩阵法

通常，系统是多目标的，因此，系统评价项目也不是唯一的，而且衡量各个评价项目的评价尺度一般也不相同，系统评价问题的难处就在于此。

据此，H. 切斯特提出的综合方法(又称关联矩阵法)是，根据具体评价系统，确定系统评价项目及其相应的权重，然后对评价系统的各个替代方案计算综合评价值，即各评价项目评价值的加权和。

关联矩阵法就是用矩阵形式表示各替代方案有关评价项目的平均值，然后计算各方案评价值的加权和，再通过分析比较，综合评价值——评价值加权和最大的方案即最优方案。

应用关联矩阵法的关键在于，确定各评价项目的重要度(权重)，以及各评价项目的价值尺度。对此，目前还没有普遍适用的方法。

(3) 模糊综合评价法

模糊综合评价法是运用模糊集理论对系统进行综合评价的一种方法。通过模糊综合评价,能获得系统各替代方案优先顺序的有关信息。应用模糊综合评价法时,除了确定评价项目及其权重和评价尺度外,在对各评价项目进行评定时,用对第 f_i 个评价项目作出第 e_i 个评价尺度的可能程度的大小表示,这种评定是一种模糊映射,其可能程度的大小用隶属度 r_{ij} 来反映。近年来,模糊综合评价法也是常用的一种综合评价方法。

(4) TOPSIS 法

TOPSIS(technique for order preference by similarity to ideal solution)法,即逼近理想解的排序技术,又称为优劣解距离法、理想解法、理想点法,由 C. L. Hwang 和 K. Yoon 于 1981 年首次提出。它是多目标决策分析中一种常见的有效方法。TOPSIS 法根据有限个评价对象与理想化目标的接近程度进行排序,是在现有的对象中进行相对优劣的评价。

6.3.3 费用-效益分析法

费用-效益分析法最初是作为国外评价公共事业部门投资的一种方法,后来该方法被应用于评价各种项目方案以及政策的社会效益。评价的结果可以证明某一项目或政策的总效益是否超过其成本,这其中也包括环境方面的效益和成本。费用-效益分析法是对效益 B 和费用 C 定量比较的分析方法,可以采用绝对效果指标[$B-C$],也可以采用相对效果指标[B/C]。

(1) 费用-效益分析基本方法

① 净效益 [$B-C$] 判断准则

[$B-C$]$\geqslant 0$,项目可以接受;[$B-C$]< 0,项目不可以接受,应予拒绝。

② 效益费用比 [B/C] 判断标准

[B/C]$\geqslant 1$,项目可以接受;[B/C]< 1,项目不可以接受,应予拒绝。

(2) 费用-效益分析法在矿业工程中的应用

某矿区的建设期为 2005—2010 年,运营期为 2011—2064 年。本次环境影响费用-效益分析以矿区运营初期 2012 年(即矿区运营达到规划规模时)为基准进行评价,对矿区运营中期和终期的环境影响费用-效益分析提出评价框架。根据环评报告书预测,将该矿区规划环境影响费用-效益分析范围界定为矿区范围及其以外 15 km 区域。

① 直接环境费用的计算

直接环境费用主要包括环境保护基础设施建设投资(C_{11}),环境保护基础设施运行费用(C_{12}),环境管理、监测、科研咨询费用(C_{13}),塌陷区治理费用(C_{14}),环境污染和损害的赔偿费和罚款(C_{15}),煤矸石、炉渣、粉煤灰等不能利用的损失(C_{16})、其他直接环境费用(C_{17})。

——环境保护基础设施建设投资(C_{11})的计算。根据污水处理厂的建设规模、工艺等,采用市场价值法估算得出矿区污水处理厂建设一次性投资 1 550 万元,按矿区规划服务年限 53 年均摊,得出 C_{11} 约为 29.25 万元/a。

——环境保护基础设施运行费用(C_{12})的计算。矿区废水排放量为 $3.699\ 2\times10^6\ m^3/a$,污水处理厂运行成本按照 0.55 元/$m^3$ 计,得出 $C_{12}=203.46$ 万元/a。

——环境管理、监测、科研咨询费用(C_{13})的计算。矿区环境管理、监测、科研咨询费用约为 95 万元/a。

——塌陷区治理费用(C_{14})的计算。该矿区规划煤炭开采规模为 360 万 t/a,矿区单位开采量造成的塌陷区治理费用约为 3.86 元/t,计算得出塌陷区治理费用为 3.86×360=1 389.60(万元/a)。

——环境污染和损害的赔偿费和罚款(C_{15})的计算。该矿区地处荒漠戈壁,规划区域未占用耕地、林地,也未涉及搬迁户,所以 $C_{15}=0$。

——煤矸石、炉渣、粉煤灰等不能利用的损失(C_{16})。该矿区产生的煤矸石、炉渣、粉煤灰等一般工业固废全部综合利用,所以不能利用的损失 $C_{16}=0$。

——其他直接环境费用 $C_{17}=0$。

综上,直接环境费用 $C_1=29.25+203.46+95+1\,389.60+0+0+0=1\,717.31$(万元/a)。

② 间接环境费用的计算

该矿区规划的间接环境费用主要包括生产力损失(C_{21}、C_{22}、C_{23})、人体健康损失(C_{24})、生态损失(C_{25}、C_{26}、C_{27})、人类福利损失(C_{28}、C_{29})、其他间接环境费用(C_{210})。

——生产力损失(C_{21}、C_{22}、C_{23})的计算。

a. 农业损失(C_{21})的计算。评价范围内耕地较少,农作物总面积约为 400 亩,农副产品平均价格按 1.8 元/kg 计,当地农副产品平均产值约为 450 kg/(亩·a)。规划实施后,根据预测结果评价范围内二氧化硫日均浓度均值为 0.065 mg/m³,依据大气污染与农作物产量的关系(以二氧化硫为主)确定规划实施后农作物的平均减产幅度约为 5%,计算得出农业损失约为 1.62 万元/a。(1 亩=666.67 m²)

b. 林业损失(C_{22})的计算。该矿区建设不占用林地,矿区附近也没有大型林场,因此,此部分影响可以忽略,即认为 $C_{22}=0$。

c. 渔业损失(C_{23})的计算。评价范围内没有渔业养殖,因此渔业损失 $C_{23}=0$。

所以,生产力损失为 1.62 万元/a。

——人体健康损失(C_{24})的计算。

环境污染与破坏会造成评价范围内人体健康状况的下降,如二氧化硫造成的呼吸道感染、机器噪声造成的听觉上的障碍等各种疾病,一般采用人力资本法评估人体健康损失,计算可得 $C_{24}=75.15$ 万元/a。

——生态损失(C_{25}、C_{26}、C_{27})的计算。

a. 水土流失损失(C_{25})的计算。该矿区建设过程中共损坏水土保持设施面积 497.35 hm²,水土流失预测总量为 5.62 万 t,采用恢复费用法对水土流失造成土壤保持服务功能价值的损失进行估算,矿区治理水土流失量的费用约为 168.62 元/t,计算水土流失损失为 5.62×168.62=947.64(万元),按矿区服务年限 53 年均摊,得出 $C_{25}=17.88$ 万元/a。(1 hm²=10 000 m²)

b. 水资源损失(C_{26})的计算。矿区产生矿井水量为 152.14 万 t/a,使用替代法,以矿井水的数量类似替代损失水量,按照当地平均水价 3 元/t 计,计算得出水资源损失 $C_{26}=456.42$ 万元/a。

c. 植被释氧损失(C_{27})的计算。该矿区占地均为沙砾质荒漠戈壁,植被稀少,主要是一些旱生灌木,每年氧气释放数量极少,因此这部分损失可以忽略,$C_{27}=0$。

所以,生态损失=17.88+456.42+0=474.30(万元/a)。

——人类福利损失(C_{28}、C_{29})的计算。

a. 享受损失(C_{28})的计算。矿区规划未征用绿地等景观用地,对当地景观享受影响很小,可忽略不计,即享受损失 $C_{28}=0$。

b. 其他人类福利损失(C_{29})的计算。根据现场调查,评价范围内的住户约有 500 户,每一户每年因矿区的粉尘附着清扫而占用的工时取 12 人·天,每人每天平均工资为 67.82 元,估算清洁用品消耗费为 1 500 元/a。所以其他人类福利损失 $C_{29}=67.82\times12\times500+1\ 500=40.84$(万元/a)。

所以,人类福利损失为 40.84 万元/a。

——其他间接环境费用 $C_{210}=0$。

综上所述,间接环境费用 $C_2=1.62+75.15+474.30+40.84+0=591.91$(万元/a)。

③ 直接环境效益的计算

——资源再利用效益(B_{11}、B_{12})。

a. 矿区煤矸石的产生量约为 99.45 万 t/a,回收利用价值为 4 972.5 万元/a;炉渣产生量为 50.18 万 t/a,回收利用价值为 1 254.50 万元/a;粉煤灰产生量为 94.75 万 t/a,回收利用价值为 1 895 万元/a;煤泥等的产生量为 12.42 万 t/a,回收利用价值为 105.50 万元/a。所以回收利用煤矸石、炉渣等的经济效益为 8 227.50 万元/a。

b. 污水处理厂处理废水量为 $3.69\times10^6\ m^3/a$,当地用水价格按平均 3 元/t 计,则水资源的利用价值为 1 107 万元/a。

所以,资源再利用效益=8 227.5+1 107=9 334.5(万元/a)。

——其他直接环境效益 $B_{13}=0$。

综上,直接环境效益 $B_1=9\ 334.5$ 万元/a。

④ 间接环境效益的计算。

——植被释氧效益(B_{21})的计算。矿区规划绿化面积为 143.56 hm^2,绿化以草地为主,1 hm^2 草地一年释放氧气量为 80～120 t,取中间值为 100 t/(hm^2·a),氧气的价格约为 630 元/t,则矿区草地氧气释放产生的效益 $B_{21}=143.56\times100\times630=904.43$(万元/a)。

——其他间接环境效益 $B_{22}=0$。

综上,间接环境效益 $B_2=904.43$ 万元/a。

⑤ 环境影响费用-效益分析结果

环境费用 $C=C_1+C_2=1\ 717.31+591.91=2\ 309.22$(万元/a);环境效益 $B=B_1+B_2=9\ 334.5+904.43=10\ 238.93$(万元/a)。经计算,该矿区规划在运营初期环境费用为 2 309.22 万元/a,环境效益为 10 238.93 万元/a,净效益 $=B-C=7\ 929.71$ 万元/a>0,效益费用比 $B/C=4.43>1$。从环境影响的价值核算角度看,该矿区规划对环境产生了较大的外部影响,但影响有正有负,根据计算结果,环境效益远远大于环境费用,正影响更为显著。

6.3.4 关联矩阵法

关联矩阵法是常用的综合评价方法。我国许多学者对其进行大量的深入研究及应用推广,如王莲芬教授不仅深入探讨了关联矩阵法的理论框架和数学基础,还针对实际问题的特点,提出了相应的优化和改进方法。这使得关联矩阵法在实际应用中更加灵活和有效,能够更好地适应不同领域的需求。

设 $A_1,A_2,\cdots,A_m$ 是某评价对象的 m 个替代方案。$x_1,x_2,\cdots,x_n$ 是评价替代方案的 n 个

评价指标。$\omega_1, \omega_2, \cdots, \omega_n$ 是 n 个评价指标权重。$v_{i1}, v_{i2}, \cdots, v_{in}$ 是第 i 个替代方案 A_i 的关于 x_j 指标($j=1,2,\cdots,n$) 的价值评定量，相应的关联矩阵表如表 6-1 所列。

表 6-1　关联矩阵表

	x_1	x_2	$\cdots$	x_j	$\cdots$	x_n	v_i
	ω_1	ω_2	$\cdots$	ω_j	$\cdots$	ω_n	
A_1	v_{11}	v_{12}	$\cdots$	v_{1j}	$\cdots$	v_{1n}	$v_1=\omega_1 v_{11}+\omega_2 v_{12}+\cdots+\omega_n v_{1n}$
A_2	v_{21}	v_{22}	$\cdots$	v_{2j}	$\cdots$	v_{2n}	$v_2=\omega_1 v_{21}+\omega_2 v_{22}+\cdots+\omega_n v_{2n}$
$\cdots$	$\cdots$	$\cdots$		$\cdots$		$\cdots$	$\cdots$
A_m	v_{m1}	v_{m2}	$\cdots$	v_{mj}	$\cdots$	v_{mn}	$v_m=\omega_1 v_{m1}+\omega_2 v_{m2}+\cdots+\omega_n v_{mn}$

应用关联矩阵法的关键在于，确定各评价指标的相对重要度，即权重 ω_i，以及由评价主体给定的评价指标的评价尺度。下面介绍两种确定权重及评价尺度的方法(逐对比较法和古林法)以及关联矩阵法在矿业工程中的应用情况。

(1) 逐对比较法

利用多元评价指标对替代方案进行综合评价时，最简便的方法就是逐对比较法。其基本的做法为：对各替代方案的评价指标进行逐对比较，对相对重要的指标给予较高得分，因此可得到各评价项目的权重 ω_i；再根据评价主体给定的评价尺度，对各替代方案在不同评价指标下一一进行评价，得到相应的评价值，进而求得加权和，得到综合评价值。

(2) KLEE(古林)法

当对各评价项目间的重要性可以作出定量估计时，可用 KLEE 法。其计算步骤：① 求项目的权重，包括确定评价指标的重要度 r_i、对 r_i进行基准化处理求得 k_i、对 k_i 进行归一化处理，即得权重 ω_i。② 用各个评价指标对替代方案进行评价并求出各替代方案的综合得分，进行最后的评价以确定最优方案。

(3) 关联矩阵法在矿业工程中的应用

在采矿方法设计过程中，影响采矿方案选择的因素有很多，通常有多个方案可供选择，可采用关联矩阵法对各个方案进行综合评价，以选择最优方案。

以某锌业股份有限公司某矿为例，介绍关联矩阵法在采矿方法选择时的应用。矿区内共有铅锌矿体 9 个，矿体均呈似层状，透镜状产出。矿体埋藏深度 0～150 m，较稳固；矿石坚固性系数 f=8～12，自然安息角为 40°，松散系数为 1.60，密度为 2.81 t/m^3。

① 采矿方法选择

根据矿体赋存条件以及矿山开采技术条件，初选的 4 个方案为全面法(A_1)、房柱法(A_2)、壁式崩落法(A_3)和壁式充填法(A_4)，选取的评价指标为生产能力(x_1)、采矿工效(x_2)、矿石损失率(x_3)、矿石贫化率(x_4)、采切比(x_5)、采矿成本(x_6)、安全性(x_7)、工艺简单程度(x_8)、矿山对方案的熟悉程度(x_9)和对矿体的适应程度(x_{10})10 个。各方案的评价指标值见表 6-2。

表 6-2　采矿方法方案评价指标

采矿方案	生产能力/(t/d)	采矿工效/[t/(工·班)]	矿石损失率/%	矿石贫化率/%	采切比/%	采矿成本	安全性	工艺简单程度	矿山对方案的熟悉程度	对矿体的适应程度
全面法 A_1	30～40	8～12	10～15	5～10	8～15	较低	差	简单	一般	较好
房柱法 A_2	90～120	8～10	15～20	8～12	5～12	较低	较差	较简单	较熟悉	较好
壁式崩落法 A_3	120～150	8～11	10～15	5～10	5～10	较高	中等	一般	较生疏	一般
壁式充填法 A_4	80～100	4～5	5～10	4～8	4～8	高	较好	较复杂	生疏	一般

② 评价指标权重计算

根据 KLEE 法计算各评价指标的权重，结果如表 6-3 所列。

表 6-3　评价指标权重 ω_j 计算结果

指标编号	评价指标名称	r_j		k_j	ω_j
x_1	生产能力	1.00		1.66	0.071
x_2	采矿工效	2.00		1.66	0.071
x_3	矿石损失率	1.00		0.83	0.035
x_4	矿石贫化率	0.33		0.83	0.035
x_5	采切比	1.00		2.50	0.106
x_6	采矿成本	0.50		2.50	0.106
x_7	安全性	2.00		5.00	0.213
x_8	工艺简单程度	0.50		2.50	0.106
x_9	矿山对方案的熟悉程度	5.00		5.00	0.213
x_{10}	对矿体的适应程度	—		1.00	0.043
总计				23.48	1.000

③ 评价指标价值评定量计算

评价指标有些是定量的，如生产能力、矿石损失率等；而有些指标是定性的，如安全性、工艺简单程度等。这两类评价指标重要度 r_{ij} 计算方法是不同的。

定量评价指标 r_{ij} 的计算：对于值越大越好的指标，方案 A_i 在指标 x_j 下的重要度 r_{ij} 可以按照表 6-3 中的各指标的平均值相邻两两比较，按比例直接计算出来；对于值越小越好的指标，先按同样的方法计算，然后取倒数，按权重计算方法依次求出 r_{ij}，k_{ij}，v_{ij}。

定性评价指标 r_{ij} 的计算：根据每个指标相对总目标的重要度，相邻指标比较其重要性，得出 r_{ij}，并最终计算出 v_{ij}。

④ 综合评定结果计算

运用关联矩阵法计算 4 个备选采矿方法方案的综合评价值 v_i，结果见表 6-4。

表 6-4　综合评价值

	x_1	x_2	x_3	x_4	x_5	x_6	x_7	x_8	x_9	x_{10}	v_i
	$w_1=$ 0.071	$w_2=$ 0.071	$w_3=$ 0.035	$w_4=$ 0.035	$w_5=$ 0.106	$w_6=$ 0.106	$w_7=$ 0.213	$w_8=$ 0.106	$w_9=$ 0.213	$w_{10}=$ 0.043	
A_1	0.096	0.303	0.228	0.250	0.205	0.364	0.100	0.357	0.300	0.286	0.241
A_2	0.288	0.273	0.163	0.188	0.277	0.364	0.200	0.286	0.400	0.286	0.290
A_3	0.370	0.288	0.228	0.250	0.205	0.182	0.300	0.214	0.200	0.214	0.243
A_4	0.247	0.136	0.381	0.313	0.314	0.091	0.400	0.143	0.100	0.214	0.225

从表 6-4 中可以看出，方案 A_2 对应的综合评价值 v_2 最大，即最适合该矿的采矿方法为房柱法。

6.3.5　模糊综合评价法

模糊综合评价法是利用模糊集理论进行评价的一种方法，该方法由中国学者汪培庄教授首次提出，适用于对复杂系统以及无法进行精确定量计算的方案进行评价。

(1) 模糊理论及基本方法

集合论是模糊数学立论的基础之一。一个集合可以表示一个概念的外延。普通集合论只能表现“非此即彼”性的现象。而在现实生活中，“亦此亦彼”的现象及有关的不确切概念却大量存在，如“好天气”“很年轻”“很漂亮”“教学效果好”等，这些现象及其概念严格来说均无绝对明确的界限和外延，称之为模糊现象及模糊概念。

模糊数学的发展与计算机科学的发展密切相关。计算机的计算速度、记忆能力超人，但计算机缺少模糊识别和模糊意向判决能力，如调电视、找人等。模糊数学就是要使计算机吸收人脑识别和判决的模糊特点，使部分自然语言作为算法语言直接进入程序，使计算机能完成更复杂的任务。

在日常生活中，有些评估无法进行精确描述或者没有必要进行精确描述时可以用模糊的概念进行描述。例如，人们描述默认的身高时用“高个子”或“矮个子”等语言来描述。为了定量刻画这种模糊概念，可以采用模糊数学中的隶属函数表示。例如，对身高而言，$A=(1/180,0.5/175,0.2/170,0/165)$表示身高 180 cm 时完全可以认为是高个子，身高 175 cm 时为高个子的程度仅为 0.5，以此类推。显然，隶属度表征了模糊性，并且隶属度为 0.5 时模糊性最强。

目前，模糊数学已在管理学科领域得到广泛应用，如科研项目评选、企业部门的考评及质量评定、教学与科技人员的分类、模糊生产平衡等；在图像识别、人工智能、信息控制、医疗诊断、天气预报等方面的应用也取得了不少成果。但需要注意的是，模糊数学仅适用于有模糊概念而又可以量化的场合。

(2) 主要步骤及有关概念

① 确定因素集 F 和评价(语) 集 E

因素集 F 即评价项目或指标的集合，一般有 $F=\{f_i\}, i=1,2,\cdots,n$。

评价集或评语集 E 即评价等级的集合，一般有 $E=\{e_j\}, j=1,2,\cdots,m$。例如，$E=\{e_1,e_2,e_3,e_4\}=\{$好，较好，一般，较差$\}$。

② 统计、确定单因素评价隶属度向量，并形成隶属度矩阵 $\boldsymbol{R}$

隶属度是模糊综合评价中最基本和最重要的概念。所谓隶属度 r_{ij}，是指多个评价主体对某个评价对象在 f_i 方面作出 e_j 评价的可能性大小（可能性程度）。隶属度向量 $\boldsymbol{R}_i=(r_{i1},r_{i2},\cdots,r_{im})$，$i=1,2,\cdots,n$，$\sum_{j=1}^{m} r_{ij}=1$，隶属度矩阵 $\boldsymbol{R}=(R_1,R_2,\cdots,R_m)^{\mathrm{T}}=(r_{ij})$。

③ 确定权重向量 $\boldsymbol{W}_F$ 等

$\boldsymbol{W}_F$ 为评价项目或指标的权重或权重系数向量。另外，还有评定（语）集的数量化结果（标准满意度向量）$\boldsymbol{W}$、$\boldsymbol{E}$ 或权重 $\boldsymbol{W}_E$（W，E 归一化的结果）。

若有考评集 $T=\{$第一次考评，第二次考评，……，第 r 次考评$\}$，还应有不同考评次数的权重向量 $\boldsymbol{W}_t=(W_{t1},W_{t2},\cdots,W_{tr})$。

使用 $\boldsymbol{W}_F$ 和 $\boldsymbol{W}_E$ 为“双权法”，使用 $\boldsymbol{W}_F$ 和 $\boldsymbol{W}$、$\boldsymbol{E}$ 是总分法。

④ 按某种运算法则，计算综合评定向量（综合隶属度向量）$\boldsymbol{S}$ 及综合评定值（综合得分）$\boldsymbol{\mu}$

通常，$\boldsymbol{S}=\boldsymbol{W}_F\boldsymbol{R}$，$\boldsymbol{\mu}=\boldsymbol{W}_E\boldsymbol{S}^{\mathrm{T}}$。

（3）模糊综合评价法在矿业工程中的应用

以某矿为例，该矿水文地质条件一般，煤层具有自然发火倾向，煤尘具有爆炸危险性。主采煤层属煤与瓦斯突出煤层，瓦斯含量高，压力大，透气性差。矿井安全管理措施完善、生产系统安全保障技术先进，设备齐全、预防措施合理。采用模糊层次分析法（FAHP）和模糊综合模型相结合的方法对该矿安全现状进行综合评价。

① 确定评价对象集

评价对象集 $P=\{$某矿安全现状$\}$。

② 确定评价集

评价集 $V=(V_1,V_2,\cdots,V_n)$。评价分为 5 个等级，采用满分十分制，如表 6-5 所列。

表 6-5　安全等级加权值和标准分值

评价等级	很安全级	较安全级	一般安全级	较不安全级	不安全级
加权值	10	8.5	7.0	5.0	1.0
标准分值	9～10	8～8.9	6～7.9	4～5.9	＜4

备注：1. 安全评价等级可视实际分级需要而不同，一般分为 5 级。
2. 加权值和标准分值均由经验确定。

③ 构造因素集

构造因素集 $U=(u_1,u_2,u_3,u_4)=$（矿井自然条件，人员素质及技术水平，技术与装备保障，安全管理水平）。

④ 计算一级指标权重和二级指标权重

根据数字度量尺度，进行两两比较得一级指标对总目标的模糊判断矩阵，见表 6-6。

表 6-6　评价准则模糊判断矩阵 B

评价准则模糊判断矩阵	评价准则											
	矿井自然条件 B_1			人员素质及技术水平 B_2			技术与装备保障 B_3			安全管理水平 B_4		
B_1	1	1	1	1	3/2	2	1	3/2	2	3/2	2	5/2
B_2	1/2	2/3	1	1	1	1	1	3/2	2	1	3/2	2
B_3	1/2	2/3	1	1/2	2/3	1	1	1	1	1	3/2	2
B_4	2/5	1/2	2/3	1/2	2/3	1	1/2	2/3	1	1	1	1

计算每个一级指标准则的综合重要程度 S：

$$S_{B_1}=(4.5,6,7.5)\times\left(\frac{1}{22.167},\frac{1}{17.333},\frac{1}{13.4}\right)\approx(0.203,0.346,0.556)$$

$$S_{B_2}=(3.5,4.667,6)\times\left(\frac{1}{22.167},\frac{1}{17.333},\frac{1}{13.4}\right)\approx(0.158,0.268,0.448)$$

$$S_{B_3}=(3,3.833,5)\times\left(\frac{1}{22.167},\frac{1}{17.333},\frac{1}{13.4}\right)\approx(0.135,0.221,0.373)$$

$$S_{B_4}=(2.4,2.833,3.667)\times\left(\frac{1}{22.167},\frac{1}{17.333},\frac{1}{13.4}\right)\approx(0.108,0.164,0.274)$$

可得：

$$d'(B_1)=\min[V(S_{B_1}\geqslant S_{B_2},S_{B_3},S_{B_4})]=1$$
$$d'(B_2)=\min[V(S_{B_2}\geqslant S_{B_1},S_{B_3},S_{B_4})]=0.761$$
$$d'(B_3)=\min[V(S_{B_3}\geqslant S_{B_1},S_{B_2},S_{B_4})]=0.577$$
$$d'(B_4)=\min[V(S_{B_4}\geqslant S_{B_1},S_{B_2},S_{B_3})]=0.279$$

经归一化处理得：$\boldsymbol{w}'=(0.107,0.221,0.291,0.382)^{\mathrm{T}}$。同理，可求得各二级指标相对一级指标的权重(见表 6-7)。

⑤ 建立单因素评价矩阵

根据评价矿井的情况及查阅的相关资料，结合专家意见对二级指标打分，评分结果如表 6-7 所列。

表 6-7　某矿井安全现状综合评价指标权重及模糊隶属度

一级指标	权重	二级指标	权重	安全等级				
				很好	较好	一般	差	很差
矿井自然条件 B_1	0.107	瓦斯状况 C_1	0.478	0.1	0.2	0.4	0.2	0.1
		煤层赋存 C_2	0.327	0.2	0.4	0.2	0.2	0
		自然发火 C_3	0.100	0.2	0.5	0.3	0	0
		水文地质 C_4	0.095	0.3	0.4	0.3	0	0

表 6-7(续)

一级指标	权重	二级指标	权重	安全等级				
				很好	较好	一般	差	很差
人员素质及技术水平 B_2	0.221	技术水平 C_5	0.371	0.3	0.3	0.2	0.2	0
		安全意识 C_6	0.251	0.1	0.3	0.3	0.2	0.1
		文化水平 C_7	0.263	0.2	0.3	0.2	0.2	0.1
		人员结构 C_8	0.115	0.1	0.3	0.4	0.1	0.1
技术与装备保障 B_3	0.291	科技创新 C_9	0.416	0.2	0.4	0.3	0.1	0
		机械化水平 C_{10}	0.320	0.4	0.3	0.3	0	0
		装备配置 C_{11}	0.128	0.3	0.3	0.4	0	0
		设备维护 C_{12}	0.136	0.2	0.3	0.4	0.1	0
安全管理水平 B_4	0.382	安全监管体系 C_{13}	0.289	0.1	0.4	0.3	0.2	0
		安全教育培训 C_{14}	0.240	0.2	0.3	0.3	0.1	0.1
		安全投入 C_{15}	0.207	0.3	0.5	0.2	0	0
		事故处理 C_{16}	0.182	0.2	0.4	0.4	0	0
		安全文化 C_{17}	0.082	0.4	0.3	0.2	0.1	0

⑥ 模糊综合评价

根据各二级指标权重 $\boldsymbol{W}_i$ 和对应的单因素矩阵 $\boldsymbol{R}_i$，进行一级模糊综合评价。

$$\boldsymbol{B}_1=\boldsymbol{W}_1\times\boldsymbol{R}_1=(0.478,0.237,0.100,0.095)\times\begin{bmatrix}0.1 & 0.2 & 0.4 & 0.2 & 0\\0.2 & 0.4 & 0.2 & 0.2 & 0\\0.2 & 0.5 & 0.3 & 0 & 0\\0.3 & 0.4 & 0.3 & 0 & 0\end{bmatrix}$$

$$=(0.162,0.314,0.315,0.161,0.048)$$

同理，计算可得 4 个一级指标对应的各个评价等级的隶属度，如表 6-8 所列。

表 6-8　隶属度的计算结果

评价指标	很好	较好	一般	差	很差
矿井自然条件	0.162	0.314	0.315	0.161	0.048
人员素质及技术水平	0.200	0.300	0.248	0.189	0.063
技术与装备保障	0.196	0.300	0.259	0.187	0.058
安全管理水平	0.208	0.389	0.289	0.090	0.024
矿井安全现状	0.198	0.336	0.273	0.148	0.045

利用一级模糊评价的结果，进行二级模糊综合评价：

$$\boldsymbol{B}_{c1}=\boldsymbol{W}_{c1}\times\boldsymbol{R}_{c1}=(0.107,0.221,0.291,0.382)\times\begin{bmatrix}0.162 & 0.314 & 0.315 & 0.161 & 0.048\\0.200 & 0.300 & 0.248 & 0.189 & 0.063\\0.196 & 0.300 & 0.259 & 0.187 & 0.058\\0.208 & 0.389 & 0.289 & 0.090 & 0.024\end{bmatrix}$$

$$=(0.198,0.336,0.274,0.148,0.045)$$

可见，各评价指标得分比较接近，且大多数指标属于良好或一般等级。人员素质及技术水平、技术与装备保障两个一级指标对"差"等级的隶属度高，这表明这两项是影响矿井安全现状的主要限制因素。

根据矿井安全现状对应各评价等级的隶属度和各个评价等级的取值，加权计算安全现状的综合评价结果，即 $V=0.198\times10+0.336\times8.5+0.273\times7.0+0.148\times5.0+0.045\times1.0=7.532$，$V\in(6,7.9)$，这表明该矿井安全状况属于"一般"等级，仍需要进一步改进。

6.3.6 TOPSIS 法

(1) TOPSIS 法的基本思路

① 定义问题的理想化目标/理想解。

正理想解：又称最优解，是一个设想的最优的解(方案)，其各个属性值(指标)都达到各备选方案中的最好的值。

负理想解：又称最劣解，是一个设想的最劣的解(方案)，它的各个属性值(指标)都达到各备选方案中的最坏的值。

② 检测各个方案与理想解的相对接近度。

③ 通过把各备选方案与正理想解和负理想解作比较，找到距正理想解的距离最近而距负理想解最远的方案。

(2) TOPSIS 法的优点

TOPSIS 法对原始数据的信息利用最为充分，其结果能精确反映各评价方案之间的差距，对数据的反映及样本含量、指标多少没有严格的限制，数据计算亦简单易行。TOPSIS 法不仅适用于小样本资料，也适用于多评价对象、多指标的大样本资料，并且能得出良好的可比性评价排序结果。

(3) 算法步骤

① 构造决策矩阵 $\boldsymbol{v}_{ij}$，i 代表各方案，j 代表各指标。

② 对决策矩阵进行规范化处理。

③ 构建权重向量 $\boldsymbol{w}_j$，可采用熵权法、FAHP、相关性分析等方法。

④ 计算加权决策矩阵 $\boldsymbol{r}_{ij}=\boldsymbol{\omega}_j\boldsymbol{v}_{ij}$。

⑤ 计算正负理想解：

$$S_j^+=\begin{cases}\max\limits_{1\leqslant i\leqslant n}\{r_{ij}\} & j=1,\cdots,m;\text{越大越优型指标}\\ \min\limits_{1\leqslant i\leqslant n}\{r_{ij}\} & j=1,\cdots,m;\text{越小越优型指标}\end{cases}\tag{6-1}$$

$$S_j^-=\begin{cases}\min\limits_{1\leqslant i\leqslant n}\{r_{ij}\} & j=1,\cdots,m;\text{越大越优型指标}\\ \max\limits_{1\leqslant i\leqslant n}\{r_{ij}\} & j=1,\cdots,m;\text{越小越优型指标}\end{cases}\tag{6-2}$$

⑥ 计算各方案与正负理想解之间的距离：

$$Sd_i^+=\sqrt{\sum_{j=1}^{m}(S_j^+-r_{ij})^2}\quad i=1,\cdots,n\tag{6-3}$$

$$Sd_i^-=\sqrt{\sum_{j=1}^{m}(S_j^--r_{ij})^2}\quad i=1,\cdots,n\tag{6-4}$$

⑦ 计算各方案与正理想解的相对贴近度：

$$\eta_i = \frac{Sd_i^-}{Sd_i^+ + Sd_i^-} \tag{6-5}$$

(4) TOPSIS 法在矿业工程中的应用

以某煤矿为例，应用 TOPSIS 法对该矿的排水系统进行选择和设计。根据矿方提供的地质资料和周边矿井排水系统使用情况，设计主要参考因素包括水泵额定排水量、水泵运行效率和水仓容积，相关参数见表 6-9。

表 6-9 排水系统选择参考因素

项目方案编号	水泵额定排水量/(m^3/h)	水泵运行效率/%	水仓容积/m^3
A	30	70	600
B	45	75	550
C	40	80	620

① 根据排水系统选择参考因素建立初始判断矩阵：

$$\boldsymbol{Z}=\begin{bmatrix} 30 & 70\% & 600 \\ 45 & 75\% & 550 \\ 40 & 80\% & 620 \end{bmatrix}$$

② 指标正向化及标准化处理：

$$\boldsymbol{Z}_{\text{正}}=\begin{bmatrix} 30 & (70\%)^{-1} & 600 \\ 45 & (75\%)^{-1} & 550 \\ 40 & (80\%)^{-1} & 620 \end{bmatrix}=\begin{bmatrix} 30 & 1.428\,6 & 600 \\ 45 & 1.333\,3 & 550 \\ 40 & 1.250\,0 & 620 \end{bmatrix}$$

③ 对矩阵进行标准化处理：

$$\boldsymbol{Z}_{\text{标}}=\begin{bmatrix} 0.359\,9 & 0.615\,8 & 0.586\,4 \\ 0.445\,9 & 0.574\,5 & 0.535\,7 \\ 0.594\,6 & 0.538\,8 & 0.605\,9 \end{bmatrix}$$

④ 计算正负理想解：

正理想解 $\boldsymbol{Z}^+=(0.594\,6 \quad 0.615\,8 \quad 0.605\,9)$；

负理想解 $\boldsymbol{Z}^-=(0.359\,9 \quad 0.538\,8 \quad 0.537\,5)$。

⑤ 计算各方案与正负理想解的距离：

根据正负理想解可得三个方案与最大值的距离，即 D_i^+，以及三个方案与最小值的距离，即 D_i^-。具体结果见表 6-10。

表 6-10 三个方案与最大(小)值的距离

项目方案编号	与最大值的距离 D_i^+	与最小值的距离 D_i^-
A	$D_A^+=0.235\,6$	$D_A^-=0.091\,1$
B	$D_B^+=0.168\,8$	$D_B^-=0.093\,3$
C	$D_C^+=0.077\,0$	$D_C^-=0.245\,5$

⑥ 计算相对贴近度：

$$\eta_{\mathrm{A}}=\frac{D_{\mathrm{A}}^{-}}{D_{\mathrm{A}}^{-}+D_{\mathrm{A}}^{+}}=\frac{0.0911}{0.0911+0.2356}=0.2788$$

$$\eta_{\mathrm{B}}=\frac{D_{\mathrm{B}}^{-}}{D_{\mathrm{B}}^{-}+D_{\mathrm{B}}^{+}}=\frac{0.0933}{0.0933+0.1688}=0.3560$$

$$\eta_{\mathrm{C}}=\frac{D_{\mathrm{C}}^{-}}{D_{\mathrm{C}}^{-}+D_{\mathrm{C}}^{+}}=\frac{0.2445}{0.2245+0.0770}=0.7605$$

⑦ 方案选择结果：

由于 $\eta_{\mathrm{C}}>\eta_{\mathrm{B}}>\eta_{\mathrm{A}}$，因此，方案 C 最接近正理想解，即最优方案。

6.3.7 层次分析法

(1) 层次分析法的产生与发展

一般情况下，系统评价为多目标、多判据的。如果仅仅依靠评价者的定性分析和逻辑判断，而缺乏定量分析依据来评价系统方案的优劣，显然是不合理的。同时，对社会经济评价项目难以作出精确的定量分析。如果能在评价中引入定量分析，并吸收人们在两两比较中所获得的粗略的量化评价，就有可能获得较为科学的评价结果。

许多评价问题的评价对象属性多样、结构复杂，难以完全采用定量方法或简单归结为费用-效益或有效度进行优化分析与评价，也难以在所有情况下做到使评价项目具有单一层次结构。此时需要先建立多要素、多层次的评价系统，并采用定性与定量有机结合的方法或通过定性信息定量化的途径，使复杂的评价问题明朗化。

在这样的背景下，美国运筹学家、匹兹堡大学教授 T. L. 萨迪(T. L. Saaty)于 20 世纪 70 年代初提出了著名的 AHP(analytic hierarchy process，解析递阶过程，通常意译为层次分析)方法。1971 年，T. L. 萨迪曾用 AHP 方法为美国国防部研究所谓“应急计划”，1972 年又为美国国家科学基金会研究电力在工业部门的分配问题，1973 年为苏丹政府研究运输问题，1977 年在第一届国际数学建模会议上发表了《无结构决策问题的建模——层次分析法》，从此 AHP 方法开始引起人们的注意。后来，T. L. 萨迪把 AHP 方法用于美国高等教育事业 1985—2000 展望研究，1985 年 T. L. 萨迪又使用 AHP 方法预测了世界石油价格的变化。

1982 年 11 月，在中美能源、资源、环境学术会议上，T. L. 萨迪的学生 H. 高兰尼柴(H. Gholamnezhad)向中国学者介绍了 AHP 方法，随后天津大学的许树柏发表了我国第一篇关于层次分析法的研究论文，推动了层次分析法在我国的理论研究和实际应用的发展。之后，AHP 方法在我国能源系统分析、城市规划、经济管理、科研成果评价等领域得到了应用。1988 年，在我国召开了首届层次分析法(AHP)国际学术会议。近年来，该方法仍在管理系统工程中被广泛运用。

(2) 层次分析法的基本思想和实施步骤

层次分析法把复杂的问题分解成各个组成元素，又将这些元素按支配关系分组形成递阶层次结构；通过两两比较的方式确定层次中诸元素的相对重要性；然后综合有关人员的判断，确定备选方案相对重要性的总排序。整个过程体现了人们分解—判断—综合的思维特征。

在运用层次分析法进行评价或决策时，大体可分为以下四个步骤：

① 根据条件建立符合要求的递阶层次结构模型。

② 构造出各层次中所有元素的判断矩阵。

③ 进行层次的单排序以及一致性检验。

④ 进行层次的总排序以及一致性检验。

(3) 层次分析法的基本步骤

以某煤矿缓倾斜厚煤层的综采设备选型为例,介绍层次分析法的基本步骤。

① 层次模型的建立

建立递阶层次模型就是将问题所要作出决策的对象、影响选择的因素及决策的目标按照它们之间的关联分为目标层、准则层以及方案层三个层次。所谓目标层一般是指一些要决策的问题以及问题的目的,准则层一般是指一些影响决策的因素以及需要遵守的准则,方案层一般是指一些决策可选的方案。

根据层次分析法建立设备选型的层次模型,例题中层次模型主要包括以下三层,分别为目标层、准则层及方案层,如图 6-5 所示。

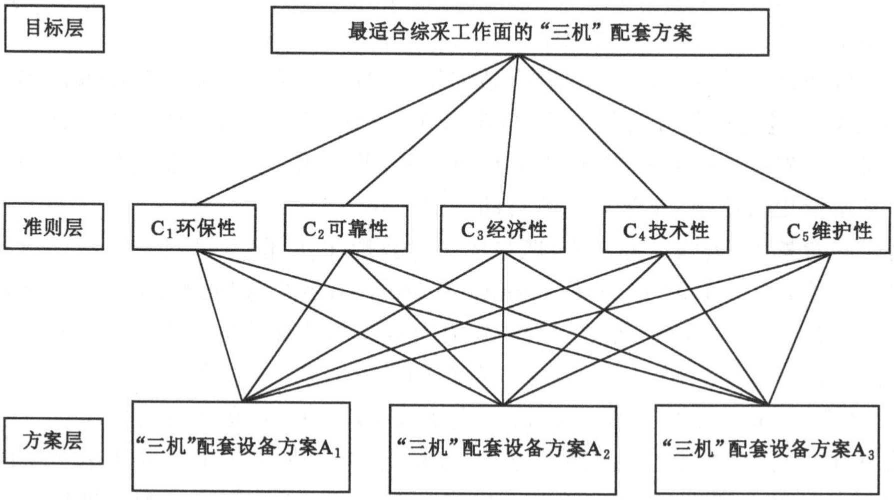

图 6-5　层次结构图

② 判断矩阵的建立

在建立层次模型之后就需要对影响决策的相关因素以及各方案之间的因素进行对比,经过归一化之后便可以得到各因素以及各方案之间因素的权重。为了方便,一般采用这样的尺度:用 1、3、5、7、9 分别表示 i 元素与 j 元素相比同样重要、稍重要、明显重要、强烈重要、极端重要。当然也可以根据实际需要取其他值,具体标度定义见表 6-11。判断矩阵主要用来表示本层所有因素相对上一层某一个因素的相对重要性。

表 6-11　判断矩阵标度定义

标　度	含　义
1	两个元素相比,具有同样重要性
3	两个元素相比,前者比后者稍重要
5	两个元素相比,前者比后者明显重要

表 6-11(续)

标　　度	含　　义
7	两个元素相比，前者比后者强烈重要
9	两个元素相比，前者比后者极端重要
2、4、6、8	上述相邻判断的中间值
倒数	两个元素相比，后者比前者的重要性标度

确定权重的方法主要有客观赋权法、主观赋权法以及组合赋权法。

本例题中准则层中的各因素之间的判断矩阵为：

$$\boldsymbol{A}=\begin{bmatrix}1 & \frac{1}{2} & 4 & 3 & 3\\ 2 & 1 & 7 & 5 & 5\\ \frac{1}{4} & \frac{1}{7} & 1 & \frac{1}{2} & \frac{1}{3}\\ \frac{1}{3} & \frac{1}{5} & 2 & 1 & 1\\ \frac{1}{3} & \frac{1}{5} & 3 & 1 & 1\end{bmatrix}$$

采用组合赋权法确定判断矩阵的各指标的权重。

方案层对 C_1 环保性的成对比较阵：

$$\boldsymbol{B}_1=\begin{bmatrix}1 & 1 & \frac{1}{2}\\ 1 & 1 & \frac{1}{2}\\ 2 & 2 & 1\end{bmatrix}$$

方案层对 C_2 可靠性的成对比较阵：

$$\boldsymbol{B}_2=\begin{bmatrix}1 & 2 & 2\\ \frac{1}{2} & 1 & 1\\ \frac{1}{2} & 1 & 1\end{bmatrix}$$

方案层对 C_3 经济性的成对比较阵：

$$\boldsymbol{B}_3=\begin{bmatrix}1 & 2 & 4\\ \frac{1}{2} & 1 & 2\\ \frac{1}{4} & \frac{1}{2} & 1\end{bmatrix}$$

方案层对 C_4 技术性的成对比较阵：

$$\boldsymbol{B}_4=\begin{bmatrix}1 & \frac{1}{2} & \frac{1}{4}\\ 2 & 1 & \frac{1}{2}\\ 4 & 2 & 1\end{bmatrix}$$

方案层对 C_5 维护性的成对比较阵：

$$B_5 = \begin{bmatrix} 1 & \frac{1}{4} & \frac{1}{4} \\ 4 & 1 & 1 \\ 4 & 4 & 1 \end{bmatrix}$$

③ 层次单排序及一致性检验

层次单排序及一致性检验对应的判断矩阵最大特征值的特征向量 $\boldsymbol{\lambda}$，经过归一化之后记为 $\boldsymbol{W}$。所谓层次单排序是指根据判断矩阵计算对于上一层某因素而言本层次与之有联系的因素的重要性次序的权值。对于是否要进行层次单排序，需要进行一致性检验，即指对 $\boldsymbol{A}$ 确定不一致的允许范围。

在一致性检验中，CI 为一致性指标；n 为两两比较矩阵的阶数；$\lambda_{\max}$ 为逆矩阵的最大特征值。当 $\lambda_{\max}=0$ 时，$\mathrm{CI}=0$，表示该矩阵具有完全一致性；CI 值越大，则表示该矩阵的完全一致性越差。只要 $\mathrm{CI}\leqslant 0.1$，就表示该矩阵的一致性在可接受的范围内，否则需要重新进行两两比较。一般来讲，矩阵的维数越大，则它的一致性越差，所以需要放宽对高维两两比较矩阵一致性的要求。可以采用引入修正值自由度指标 RI 的方法来解决，如表 6-12 所示，并计算出一致性比率 CR。

表 6-12　矩阵阶数为 1～14 时随机一致性指标 RI 值

n	1	2	3	4	5	6	7	8	9	10	11	12	13	14
RI	0	0	0.52	0.89	1.12	1.26	1.36	1.41	1.46	1.49	1.52	1.54	1.56	1.58

$$\mathrm{CI}=\frac{\lambda_{\max}-n}{n-1} \tag{6-6}$$

$$\mathrm{CR}=\frac{\mathrm{CI}}{\mathrm{RI}} \tag{6-7}$$

当 $\mathrm{CR}\leqslant 0.1$ 时，表示该矩阵的一致性在可接受的范围内，否则需要重新进行两两比较。

通过上述矩阵 $\boldsymbol{A}$ 可求得其最大特征值 $\lambda_{\max}=5.073$，其特征向量 $\boldsymbol{W}=(0.262\ 2,0.474\ 2,0.054\ 8,0.098\ 4,0.110\ 4)^{\mathrm{T}}$。

因而其一致性指标 $\mathrm{CI}=\frac{5.073-5}{5-1}=0.018\ 25$，$n$ 为 5，查表 6-12 可得随机一致性指标 $\mathrm{RI}=1.12$。

一致性比率 $\mathrm{CR}=\frac{0.018\ 25}{1.12}=0.016\ 29<0.1$，因此通过一致性检验。故该特征向量为权向量。

④ 层次总排序及一致性检验

计算总排序权重要自上而下地将单准则下的权重进行合成。计算某一层次所有元素对于最高层相对重要性的权值层次总排序，这一过程是从最高层到最底层依次进行的。层次总排序的一致性比率为：

$$\mathrm{CR}=\frac{a_1\mathrm{CI}_1+a_2\mathrm{CI}_2+\cdots+a_m\mathrm{CI}_m}{a_1\mathrm{RI}_1+a_2\mathrm{RI}_2+\cdots+a_m\mathrm{RI}_m}$$

当 $\mathrm{CR}\leqslant 0.1$ 时，认为层次总排序通过一致性检验，否则需要重新调整那些一致性比率高的判断矩阵的元素取值。到此，根据最底层(决策层)的层次总排序作出最后决策。由于层次分析法中的数据计算时极为复杂而会给问题的解决带来一定的难度，而且在最终求解时并不需要极为精确的答案，因而层次分析法在进行特征值以及特征向量求解时一般采用"和法"等简化计算的方法。其解决的思路是一致性矩阵的任一列向量都是特征向量，而一致性结果较好的正互反阵的列向量都应该近似于特征向量，故可以取其某种意义下的平均。

具体的解决步骤是首先对矩阵进行列向量归一化计算，然后通过对列向量归一化的矩阵进行每一行的求和平均的计算得到矩阵的特征向量。由于矩阵与特征向量的乘积与特征值与特征向量的乘积相等，因而可以求得矩阵的特征值。

例如，本例题中由矩阵 $\boldsymbol{A}$ 可以得到其列向量的归一化矩阵：

$$\begin{bmatrix} 0.255 & 0.245 & 0.235 & 0.286 & 0.290 \\ 0.510 & 0.489 & 0.412 & 0.476 & 0.484 \\ 0.065 & 0.070 & 0.059 & 0.048 & 0.032 \\ 0.085 & 0.098 & 0.177 & 0.095 & 0.097 \\ 0.085 & 0.098 & 0.177 & 0.095 & 0.097 \end{bmatrix}$$

通过各行累加求平均的方法可以计算出它的特征矩阵，即准则层对目标层的权向量 $\boldsymbol{W}=(0.262\,2,0.474\,2,0.054\,8,0.098\,4,0.110\,4)^{\mathrm{T}}$，根据 $\boldsymbol{AW} = \lambda\boldsymbol{W}$，可以求得其特征值 $\lambda = 5.073$。

对成对比较阵可以求层次总排序的权向量并进行一致性检验，结果如表 6-13 所示。

表 6-13 一致性检验结果

k	1	2	3	4	5
W_{k1}	0.250	0.500	0.571	0.143	0.111
W_{k2}	0.250	0.250	0.286	0.286	0.444
W_{k3}	0.500	0.250	0.143	0.571	0.444
λ_k	3.000	3.000	2.977	2.977	3.000
CI_k	0	0	0.012	0.012	0
RI_k	0.58	0.58	0.58	0.58	0.58

同样求第三层对第二层每一个元素的权向量。

矩阵 $\boldsymbol{B}_1$ 的最大特征值 $\lambda_1 = 3.000$，特征向量 $\boldsymbol{W}_{31}=(0.250,0.250,0.500)^{\mathrm{T}}$；

矩阵 $\boldsymbol{B}_2$ 的最大特征值 $\lambda_2 = 3.000$，特征向量 $\boldsymbol{W}_{32}=(0.500,0.250,0.250)^{\mathrm{T}}$；

矩阵 $\boldsymbol{B}_3$ 的最大特征值 $\lambda_3 = 2.977$，特征向量 $\boldsymbol{W}_{33}=(0.571,0.286,0.143)^{\mathrm{T}}$；

矩阵 $\boldsymbol{B}_4$ 的最大特征值 $\lambda_4 = 2.977$，特征向量 $\boldsymbol{W}_{34}=(0.143,0.286,0.571)^{\mathrm{T}}$；

矩阵 $\boldsymbol{B}_5$ 的最大特征值 $\lambda_5 = 3.000$，特征向量 $\boldsymbol{W}_{35}=(0.111,0.444,0.444)^{\mathrm{T}}$。

计算层次总排序权重和一致性检验。

A_1 对总目标的权重为：

$$0.250\times0.262\,2+0.500\times0.474\,2+0.571\times0.054\,8+0.143\times0.098\,4+0.111\times0.110\,4=0.360$$

同理可得 A_2、A_3 对总目标的权重分别为 0.277、0.363。

决策层对总目标的权向量为:(0.360,0.277,0.363)。

$$CR=\frac{(0.2622\times0+0.4742\times0+0.0548\times0.012+0.0984\times0.012+0.1104\times0)}{0.58}$$

$$=0.003<0.1$$

故层次总排序通过一致性检验。

即各方案的权重排序为 $A_3>A_1>A_2$,又因为 A_1、A_2、A_3分别代表第一套、第二套、第三套选型方案,因而第三套选型方案最合适。

6.4 矿业系统评价及应用

在矿业系统中,每一步都有系统评价的身影。开拓、回采、运输方式等的选择是矿井能否达到预期目标的重要因素。随着现代煤炭开采技术的不断发展,滚筒采煤机综采工艺因其高效、安全和环保的特性,已经成为煤炭开采的主流工艺。然而,滚筒采煤机的运行效果和安全性受到煤层地质条件的深刻影响。因此,对滚筒采煤机综采工艺的地质条件进行全面、准确的评价,对于优化采煤工艺、提高开采效率、确保生产安全具有重要意义。

下面以薄煤层滚筒采煤机综采工艺地质条件评价为例,介绍矿业系统评价及应用情况。

(1) 指标体系构建

选取地质构造、煤层稳定性、煤层厚度、煤层倾角、工作面块段、煤层硬度、顶底板条件及其他条件等为指标,构建滚筒采煤机综采工艺可采性评价指标体系,如图 6-6 所示。

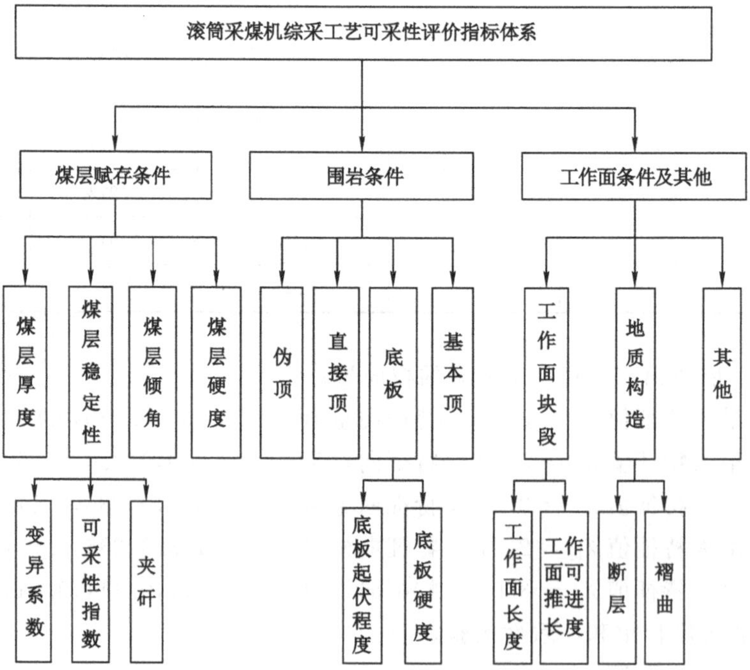

图 6-6 薄煤层滚筒采煤机综采工艺可采性评价指标体系

(2) 评价指标选取与量化

薄煤层滚筒采样机综采工艺可采性评价主要包括煤层厚度、煤层倾角、煤层硬度、变异系数、可采性指数、夹矸、直接顶、伪顶、基本顶、底板硬度、底板起伏程度、工作面长度、工作面可推进长度、断层、褶曲及其他(瓦斯、水文和煤的自燃倾向等)16 个基因素。

为了对基因素进行评价，首先对指标进行量化。

① 煤层厚度

评价煤层厚度以块段内见煤钻孔煤厚平均值为评价指标。

② 煤层倾角

煤层倾角 α 对工作面支架的稳定性、采煤机运行速度、输送机生产能力、工人作业难易程度均有较大影响。评价煤层倾角以块段内见煤钻孔煤层倾角平均值为评价指标。

③ 煤层硬度

煤层硬度是影响机械化开采的一个因素。在目前采煤机功率逐渐加大的趋势下，煤层硬度较低(坚固性系数不超过 3～4)时，对于工作面产量的影响较小；而煤层坚固性系数极低(小于 1)或节理发育成为制约薄煤层综采产量的重要因素。当煤层有夹矸存在时，以煤层的综合强度 R 作为评价指标。

$$R = (1-G)R_c + GR_e \tag{6-8}$$

式中　G——夹矸率；

R_e——夹矸强度；

R_c——煤的单轴抗压强度。

④ 煤层稳定性

煤层稳定性包括煤层厚度变化、可采程度和结构变化三方面的含义，分别可以用煤厚变异系数 γ、可采性指数 k_m、夹矸率 G 表示。我国《煤矿地质工作细则》规定：薄煤层以 k_m 为主要指标，γ 为辅助指标；中厚及厚煤层以 γ 为主要指标，k_m 为辅助指标。

⑤ 煤层顶底板条件

评价煤层顶底板情况，选择直接顶岩层单轴抗压强度 σ 作为评价指标；评价伪顶影响取伪顶厚度 h_0 作为评价指标；选用直接顶厚度与采高的倍数比 $N = \sum h_i/m$ 作为反映基本顶支撑条件的概略性指标；对于底板而言，取直接底岩层的单轴抗压强度 R_D 作为评价指标，底板的起伏程度对工作面设备的运行效率和稳定性具有重要的影响。

⑥ 工作面块段

工作面块段包括两个指标：工作面长度、工作面可推进长度。

⑦ 断层

全面描述断层对开采的影响需要 3 个指标：断层密度、断层长度指数、断层落差系数。断层密度 q_1 是指单位面积内断层的条数；断层长度指数 q_2 是指块段单位面积内断层长度之和；断层落差系数 q_3 是指断层落差 h 与煤层采高 m 的比值，可以用煤层开采厚度的对数函数进行修正。

⑧ 褶曲

褶曲对开采的影响有两个评价指标：褶曲强度系数和褶曲复杂性系数。

褶曲强度系数，类似于线应变的概念，即

$$P_1 = \frac{L' - L}{L} \tag{6-9}$$

式中 L'——在垂直褶曲的剖面上两点间煤层实际长度，m；

L——该两点的水平投影长度，m。

褶曲复杂性系数，数值上等于褶曲的煤层面斜率和煤层底板等高线曲率的乘积，其表达式为：

$$P_2 = \frac{\Delta h \omega}{ls} \tag{6-10}$$

式中 Δh——块段内最高与最低等高线高差，m；

l——块段内最高与最低等高线平距，m；

ω——用弧度表示的等高线走向的变化值，rad；

s——块段面积，km^2。

⑨ 其他条件

按照《煤矿安全规程》对瓦斯矿井的分类，分为Ⅰ、Ⅱ、Ⅲ三个类别，分别代表低瓦斯矿井、高瓦斯矿井、突出矿井，并赋值1、0.5、0.2。

按《煤矿防治水细则》，根据井田内受采掘破坏或者影响的含水层及水体、井田及周边老空（火烧区）水分布状况、矿井涌水量、突水量、开采受水害影响程度和防治水工作难易程度，将矿井水文地质类型划分为简单、中等、复杂、极复杂4种类型，代号为Ⅰ、Ⅱ、Ⅲ、Ⅳ，赋值为0.8、0.6、0.4、0.2。

煤层自燃倾向性等级分为Ⅰ、Ⅱ、Ⅲ、Ⅳ级，赋值为1、0.8、0.5、0.2。

（3）隶属函数构造

① 煤层厚度影响因素取值

煤层厚度的隶属函数：

$$\mu_m(m) = \begin{cases} 0.6m - 0.02 & 0.5\ \text{m} \leqslant m < 0.7\ \text{m} \\ 0.8m - 0.16 & 0.7\ \text{m} \leqslant m < 0.9\ \text{m} \\ 1.0m - 0.34 & 0.9\ \text{m} \leqslant m < 1.1\ \text{m} \\ 1.2m - 0.56 & 1.1\ \text{m} \leqslant m < 1.3\ \text{m} \end{cases}$$

② 煤层倾角影响因素取值

煤层倾角的隶属函数：

$$\mu_\alpha(\alpha) = \begin{cases} 1.0 & 0^\circ \leqslant \alpha < 8^\circ \\ 0.6m - 0.02 & 8^\circ \leqslant \alpha < 15^\circ \\ 0.8m - 0.16 & 15^\circ \leqslant \alpha < 25^\circ \\ 1.0m - 0.34 & 25^\circ \leqslant \alpha < 35^\circ \\ 1.2m - 0.56 & \alpha \geqslant 35^\circ \end{cases}$$

③ 煤层硬度影响因素取值

煤层硬度的隶属函数：

$$\mu_R(R)=\begin{cases}0.166\ 70R & 3\ \text{MPa}\leqslant R<6\ \text{MPa}\\ 1.0 & 6\ \text{MPa}\leqslant R<12\ \text{MPa}\\ -0.041\ 67R+1.5 & 12\ \text{MPa}\leqslant R<18\ \text{MPa}\\ -0.013\ 89R+1 & 18\ \text{MPa}\leqslant R<36\ \text{MPa}\\ -0.028\ 60R+1.528\ 36 & 36\ \text{MPa}\leqslant R<50\ \text{MPa}\end{cases}$$

④ 煤层稳定性因素取值

煤层变异系数的隶属函数：

$$\mu_\gamma(\gamma)=\begin{cases}1-2\sqrt{\gamma} & 0\leqslant\gamma<0.25\\ 0 & \gamma\geqslant 0.25\end{cases}$$

煤层可采性指数的隶属函数：

$$\mu_{k_\mathrm{m}}(k_\mathrm{m})=\begin{cases}0.1 & k_\mathrm{m}<0.5\\ 3k_\mathrm{m}-1.4 & 0.5\leqslant k_\mathrm{m}<0.6\\ 1.5k_\mathrm{m}-0.5 & 0.6\leqslant k_\mathrm{m}<0.8\\ 2k_\mathrm{m}-0.9 & 0.8\leqslant k_\mathrm{m}<0.95\\ 1.0 & k_\mathrm{m}\geqslant 0.95\end{cases}$$

夹矸率的隶属函数：

$$\mu_G(G)=\begin{cases}1.0 & G<5\%\\ 1.1-2G & 5\%\leqslant G<10\%\\ 1.4-5G & 10\%\leqslant G<15\%\\ 2.3-11G & 15\%\leqslant G<20\%\\ 0.1 & G\geqslant 20\%\end{cases}$$

⑤ 煤层顶底板条件影响因素取值

伪顶影响因素 h_0 的隶属函数：

$$\mu_{h_0}(h_0)=\begin{cases}1.0 & h_0<0.2\\ -3h_0+1.6 & 0.2\leqslant h_0<0.5\\ 0.1 & h_0\geqslant 0.5\end{cases}$$

直接顶岩层单轴抗压强度 σ 的隶属函数：

$$\mu_\sigma(\sigma)=\begin{cases}0.1 & \sigma<25\ \text{MPa}\\ \ln(1.684\ 92\times10^{-4}\sigma^2+0.011\ 637\ 5\sigma+0.708\ 933) & 25\ \text{MPa}\leqslant\sigma<80\ \text{MPa}\\ 1.0 & \sigma\geqslant 80\ \text{MPa}\end{cases}$$

基本顶支撑条件 N 的隶属函数：

$$\mu_N(N)=\begin{cases}0.05 & N<0.1\\ 0.436\ 3\ln N+1.004\ 5 & 0.1\leqslant N<1.0\\ 1.0 & N\geqslant 1.0\end{cases}$$

底板单轴抗压强度 R_D 的隶属函数：

$$\mu_{R_\mathrm{D}}(R_\mathrm{D})=\begin{cases}0.1 & R_\mathrm{D}<7.2\ \text{MPa}\\ 0.510\ 3\ln R_\mathrm{D}-0.907\ 41 & 7.2\ \text{MPa}\leqslant R_\mathrm{D}<42\ \text{MPa}\\ 1.0 & R_\mathrm{D}\geqslant 42\ \text{MPa}\end{cases}$$

底板起伏程度用工作面输送机竖向弯曲度 R' 来描述，其隶属函数：

$$\mu_{R'}(R')=\begin{cases}1.0-0.12R' & R'<5^\circ\\ e^{0.1021R'} & R'\geqslant 5^\circ\end{cases}$$

⑥ 工作面块段条件影响因素取值

工作面长度 L 的隶属函数：

$$\mu_L(L)=\begin{cases}0.005L-0.1 & 40\text{ m}\leqslant L<60\text{ m}\\ 0.015L-0.7 & 60\text{ m}\leqslant L<80\text{ m}\\ 0.0125L-0.5 & 80\text{ m}\leqslant L<100\text{ m}\\ 0.00667L+0.483 & 100\text{ m}\leqslant L<130\text{ m}\\ 1.0 & L\geqslant 130\text{ m}\end{cases}$$

工作面可推进长度 S 的隶属函数：

$$\mu_S(S)=\begin{cases}0 & S<50\text{ m}\\ 0.40243\ln S-1.5743 & 50\text{ m}\leqslant S<600\text{ m}\\ 1.0 & S\geqslant 600\text{ m}\end{cases}$$

⑦ 断层影响因素取值

断层的多元隶属函数表达式为：

$$\mu_{\underline{a}}(q_1,q_2,q_3)=\frac{2}{1+\exp(1.8\times10^{-3}+4.2\times10^{-2}q_1+6.4\times10^{-2}q_2+7.1\times10^{-4}q_3)}$$

⑧ 褶曲影响因素取值

褶曲的多元隶属函数表达式为：

$$\mu_{\underline{b}}(p_1,p_2)=\frac{10}{2+\exp(1.1975+8.50014\times10^{-3}p_1+1.30282p_2)}$$

（4）定量评价结果

本节采用统计分析法、专家打分法和层次分析法，通过构造判断矩阵及一致性检验，确定薄煤层滚筒采煤机综采工艺综合评判模型各因素的权重。为了更好地进行定量分析，将薄煤层滚筒采煤机综采工艺可采性指标分为五类，0 表示最难采，1 表示最易采，见表 6-14。

表 6-14　薄煤层滚筒采煤机综采工艺可采性分类

可采性分类	可采性指标	说　明
极易采	[0.8,1)	煤厚 1.2 m 左右，煤层倾角小于 8°，坚硬程度适中，煤层平整，无起伏与夹矸，不黏顶，可布置工作面较长，工作面可推进长度大于 600 m，低瓦斯矿井，水文地质条件较好，煤层不易自燃
易采	[0.6,0.8)	煤厚 1.0 m 左右，煤层倾角小于 15°，坚硬程度适中，煤层厚度有较小变化，无起伏，有少量夹矸，不黏顶，可布置工作面较长，工作面可推进长度大于 400 m，低瓦斯矿井，水文地质条件一般，煤层不易自燃
一般	[0.4,0.6)	煤厚 0.8 m 左右，煤层倾角小于 25°，坚硬程度适中，煤层厚度有一定变化，有起伏与部分夹矸，轻微黏顶，可布置工作面较短，工作面可推进长度大于 200 m，低瓦斯矿井，水文地质条件一般，煤层易自燃

表 6-14(续)

可采性分类	可采性指标	说　明
难采	[0.2,0.4)	煤层厚度 0.6 m 左右,煤层倾角小于 35°,坚硬程度偏硬或偏软,煤层厚度有明显变化,有起伏和较多的夹矸,可布置工作面较短,工作面可推进长度大于 100 m,高瓦斯矿井,水文地质条件较差,煤层易自燃
极难采	(0,0.2)	煤层厚度 0.6 m 左右,煤层倾角大于 35°,坚硬程度过软或过硬,煤层厚度变化大,有较大起伏与较厚夹矸,可布置工作面较短,工作面可推进长度小于 100 m,突出矿井,水文地质条件较差,煤层极易自燃

思　考　题

1. 何为系统评价？系统评价的作用有哪些？
2. 系统评价的理论有哪些？
3. 系统评价的方法有哪些？各有什么优缺点？
4. 试用一种评价方法对矿业工程中的具体案例进行评价。
5. 列举三个影响矿业系统经济效益的关键因素,并解释它们的影响机制。
6. 层次分析法中如何确定各层次之间的权重？
7. 在系统评价中,如何权衡经济、环境和社会三个方面的利益？
8. 如何确定矿业系统评价中的评价指标？

第7章　矿业系统决策

7.1　矿业系统决策概述

决策是人类社会的一项重要活动，它关系到人类生活的各个方面，是为实现某种目标而从若干个问题求解方案中选出最优或合理方案的过程。

无论是行动方案的确定，还是重大发展战略的制定，无论是一个领导干部的选拔，还是一种产品的研制生产，无论是一个企业的生产管理，还是一个国家或地区的产业政策，都是由一系列决策活动来完成的。决策正确带来的是“一本万利”，而决策失误也是“最大的失误”。关于这一点，著名科学家、诺贝尔奖获得者西蒙有句名言——“管理就是决策”，也就是说，决策贯穿于管理的全过程，一切管理工作的核心是决策。

在系统工程的工作过程中，由系统开发得到的若干解决问题的方案，经过系统建模、系统分析及系统评价等步骤之后，最终必须从备选方案中为决策者选出最佳的开发方案。这一程序是系统工程辩证程序中的最后一个，也是最重要的一个，这就是系统决策。

西蒙把决策过程同现代的管理科学、计算机技术和自动化技术结合起来，将其划分为四个主要阶段：找出制定决策的理由；找到可能的行动方案；在诸行动方案中进行抉择；对已进行的抉择进行评价。尽管不同的决策者在不同决策场合对上述四个阶段的看法可能不一样，但这四个部分加在一起构成了决策者所要做的主要工作。

以上四个阶段交织在一起，就形成了系统决策的过程。第一阶段是调查环境，寻求决策的条件和依据，即情报活动；第二阶段是创造、制定和分析可能采取的行动方案，即设计活动；第三阶段是从可供利用的备选方案中选出一个行动方案，即抉择活动；第四阶段是决策的实施与评价，西蒙称其为审查活动，其实质是对过去的抉择进行评价。

现代计算机技术、管理科学等的发展，给决策制定的过程赋予了新的内容和含义。情报和设计活动中，主要依赖可靠、准确、及时的基本信息，因此管理信息系统就成为决策的重要技术基础。而在抉择、实施与评价活动中的主要技术措施就是模型方法，其主要是指管理科学、运筹学、系统工程中的模型方法。将上述两部分技术集成在一起，利用先进的计算机软硬件技术，实现上述决策过程，开发成界面友好的人机系统，就是决策支持系统。

在矿业系统中，需要进行决策的内容十分丰富，如储量分析决策、资源开发决策、开拓方案决策、采煤方法决策、采掘关系决策、机械化结构决策以及煤炭销售与经营决策等。

7.2　矿业系统决策步骤

决策流程图如图 7-1 所示。

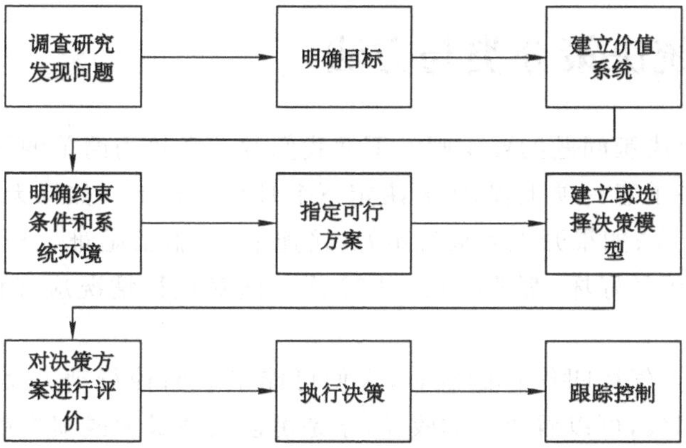

图 7-1　决策流程图

(1) 调查研究发现问题

作为一个决策者，主要职责就是及时发现问题、抓住实质、明确阐明问题。因此，调查研究，掌握可靠的资料和信息是至关重要的。

(2) 明确目标

目标的确定要具有长远和全局观念，包括单项目标和多项目标，而且目标必须具体并且能够计量和实现。同时要区分主次，抓住重点，减少次要目标，并使分目标服从主目标，必要时可建立目标树。

(3) 建立价值系统

要对各种可行方案进行评价，就要建立价值系统，构思“代价函数”，用以预计各种错误决策所付出的代价。

(4) 明确约束条件和系统环境

要求信息资料完备、准确、可靠，并对各种限制条件作出定量描述，弄清系统内、外环境以及影响因素。

(5) 指定可行方案

决策必须在两个以上的可行方案中进行。因此，要针对问题尽量提出各种可能替代的方案，并对每一方案的可行性进行分析，供决策选用。

(6) 建立或选择决策模型

为了决策的科学化，应尽量使决策问题直观化、形象化、量化。这就要求决策方法和决策模型的选择要尽量合理、科学。

(7) 对决策方案进行评价

对已选决策(一般由决策模型得到)进行评价与分析，以确保决策的正确性。

(8) 执行决策

对已选方案，要制定具体实施方案和执行方案，确保决策落到实处。

(9) 跟踪控制

在方案实施过程中，要跟踪检查，一旦偏离目标，就要及时反馈加以控制或修正。当发现决策存在重大问题时，应立即重新决策。

7.3 矿业系统决策分类与方法

什么是构成一个决策问题的要素呢？下面我们看一个较为简单的例子。

某工程公司准备承建一项工程，需要决定下个月是否开工。如果天气好，工程能顺利进行，就可盈利 60 000 元；如果开工后天气不好，接连下雨，施工困难，公司将损失 10 000 元；如果不开工，则无论天气好坏，都要赔偿 5 000 元。面对这种情况应如何决策，以争取获得最大可能的效益。

在此，天气好或天气坏叫作自然状态，人们可能采取两种行动方案，即开工和不开工。在不同自然状态下损失，可以看成负的收益，于是可以收益最大或损失最小为目标。在系统决策理论中，收益和损失应该是可以定量地表示出来的，上例中相应的益损情况如表 7-1 所示。

表 7-1　两种方案益损情况　　单位：元

自然状态	益损情况	
	开工	不开工
天气好	60 000	−5 000
天气坏	−10 000	−5 000

由上述例子可以看出，构成一个决策问题必须具备以下几个条件：① 存在试图达成的明确目标；② 存在不以决策者主观意志为转移的两种以上的自然状态；③ 存在两个或两个以上可供选择的行动方案；④ 不同行动方案在不同自然状态下的益损值可以计算出来。

从不同的角度分析决策问题，可以进行不同的分类。

第一，按决策的重要性可将决策分为战略决策、策略决策和执行决策。

战略决策是涉及组织的发展和生存的有关全局性、长远、方向问题的决策，如企业厂址的选择，新产品的开发，新市场的开发，国家和地区的产业布局、结构调整，战略方针等；策略决策是为完成战略决策所规定的目标而进行的决策，如企业的产品规格、工艺方案等；执行决策是根据策略决策的要求进行执行方案的选择，如生产标准选择、生产调度、人员配备等决策。

第二，按决策的性质可将决策分为程序化决策和非程序化决策。

程序化决策是一种有章可循的决策，具体表现为可以重复出现、制定固定程序，如订单标价、工资核定、生产调度等都是程序化决策。而非程序化决策表现为问题新颖、无结构，处理这类问题没有“灵丹妙药”，如开辟新的市场、作战指挥决策等属于这类决策。非程序化决策根据问题结构化的程度又可分为结构化决策、半结构化决策，以及非结构化决策。所谓结构化是指问题的影响变量之间的相互关系可以用数学形式表达，问题的结构可以用数学模型表示；非结构化问题比较复杂，一般也不能建立数学模型；介于二者之间的称为半结构化。

第三，根据人们对自然状态规律的认识和掌握程度，可将决策分为确定型决策、风险型决策（统计决策）以及非确定型（完全不确定型）决策三种。

如果决策者能完全确切地知道将发生怎样的自然状态，那么就可在既定的自然状态下选择最佳行动方案，这就是确定型决策问题，如资源的分配优化、配置等，总之用数学规划解决的问题均属于确定型决策问题。

如果构成一个决策问题，除满足前述的四个条件以外，还满足如下条件——虽然决策者不能准确给定未来出现哪种自然状态，但可以估计出其出现概率，那么这种决策问题就称为风险型决策问题。例如，本节例子中，如果天气好、天气坏的概率可以估计出来，这一问题就属于风险型决策问题。

如果决策者不但不能确定未来将出现哪一种自然状态，而且对各种自然状态出现的概率也一无所知，也没有任何统计数据可循，全凭决策者的经验、态度和打算，这类决策问题就是非确定型决策问题。

第四，按决策的目标数量可将决策分为单目标决策和多目标决策。

仅有一个目标的决策问题是单目标决策，有两个或两个以上目标的决策问题称为多目标决策。如果严格区分，可以说多目标决策是多准则决策问题的一类。多准则决策是指存在多个目标且目标之间相互冲突、不可共度的情况下进行的决策，可以分为多属性决策和多目标决策两大类。其中，多属性决策针对有限数量、离散的方案集，求解的核心是对方案集排序后选优，主要用来解决方案优选问题；多目标决策则针对无限数量、连续的方案集，一般采用数学规划法求解，主要用来解决方案设计问题。但在实际应用中，多目标决策也常代表多属性决策，而不做严格区分，在这种情况下，就是把多准则决策和多目标决策、多属性决策等同起来。

第五，按决策的阶段可将决策分为单阶段决策和多阶段决策，也可称为单项决策和序贯决策。

单项决策是指整个决策过程只做一次决策就得到结果，序贯决策是指整个决策过程由一系列决策组成，而其中若干关键决策环节又可分别看作单项决策。

当前，由于系统信息化水平的提高产生大量数据，以及现实决策问题的复杂性和不确定性导致机理模型不能准确建立等原因，基于（离线或在线）数据的决策成为系统决策问题的一个大类而得以发展。例如，基于运行数据的故障诊断、基于生产数据的制造过程控制、基于生物数据的医学诊断、基于作战模拟数据的军事对抗分析、基于金融数据的信用评估等，就属于这类决策。其方法主要有经典统计方法、证据推理和模糊推理方法、神经网络、支持向量机、聚类分析、小波分析等。

7.3.1　风险型决策

风险型决策依据的标准主要是期望值标准。每个方案的益损期望值可表示为：

$$V_i = \sum_{j=1}^{m} v_{i,j} P(S_j) \tag{7-1}$$

式中　V_i ——第 i 个方案的益损期望值；

$v_{i,j}$ ——第 i 个方案在自然状态 S_j 下的益损值；

$P(S_j)$ ——自然状态 S_j 出现的概率。

期望值标准是指计算出每个方案的收益和损失的期望值，并且以该期望值为标准，选择收益最大或损失最小的行动方案为最优方案。以期望值为标准的风险性决策方法一般有三种，即决策表法、决策矩阵法和决策树法。

7.3.1.1 决策表法

决策表法是一种用于决策分析和问题求解的结构化方法，它通过将决策问题分解为一系列条件与行动的组合，以表格的形式清晰地展示不同条件下应采取的行动。在矿业方面，决策表法可以用于多种场景，如选矿工艺选择、采矿方法选择、矿山安全决策等。以选矿工艺选择为例，使用决策表法进行矿业决策。

(1) 确定决策问题和条件

假设一家矿业公司面临选择适合的选矿工艺来处理一种特定的矿石。决策问题可以分解为以下几个条件——矿石类型(A)：高品位矿石、低品位矿石；矿石粒度(B)：粗粒度、细粒度；矿石硬度(C)：硬矿石、软矿石。

(2) 确定可选的行动或方案

根据条件的不同组合，矿业公司可以选择以下选矿工艺：浮选工艺(X)；磁选工艺(Y)；重选工艺(Z)。

(3) 构建决策表

基于上述条件和可选行动，构建决策表，见表 7-2。

表 7-2 选矿工艺决策表

矿石类型(A)	矿石粒度(B)	矿石硬度(C)	可选工艺
高品位	粗粒度	硬矿石	X
高品位	粗粒度	软矿石	Y
高品位	细粒度	硬矿石	Z
高品位	细粒度	软矿石	X
低品位	粗粒度	硬矿石	Y
低品位	粗粒度	软矿石	Z
低品位	细粒度	硬矿石	X
低品位	细粒度	软矿石	Y

(4) 计算过程

假设每个工艺的经济性、技术可行性、环境影响等因素都可以通过评分来量化评估。例如，可以设定以下评分标准(仅作为示例)——经济性(E)：1～5 分(5 分表示经济性最好)；技术可行性(T)：1～5 分(5 分表示技术可行性最高)；环境影响(S)：1～5 分(5 分表示环境影响最小)。

针对每个条件组合，矿业公司可以邀请专家团队对每个可选工艺的 E、T、S 进行评分。例如，对于“高品位、粗粒度、硬矿石”这一条件组合，专家团队可能对浮选工艺(X)的评分——经济性(E)：4 分；技术可行性(T)：3 分；环境影响(S)：2 分。

然后，可以根据这些评分进行综合分析，选择综合得分最高的工艺作为最佳选矿工艺。综合得分可以通过加权平均或其他方法计算得出。

(5) 决策结果

基于决策表和综合评分，矿业公司可以确定在不同条件下应选择的最佳选矿工艺。这将有助于矿业公司提高选矿效率、降低成本并减少环境影响。

需要注意的是，上述示例仅为简化说明决策表法在矿业方面的应用。在实际应用中，决策问题可能更加复杂，需要考虑更多的条件和因素。此外，评分标准和综合评分方法也需要根据具体情况进行调整和优化。

7.3.1.2　决策矩阵法

如果备选行动方案及自然状态都比较多，则适于采用矩阵法决策。

设有 m 个行动方案 $A_1, A_2, \cdots, A_i, \cdots, A_m$，写成向量为：

$$\boldsymbol{A} = (A_1, A_2, \cdots, A_i, \cdots, A_m)$$

该向量叫作方案向量。

有 n 个自然状态 $S_1, S_2, \cdots, S_i, \cdots, S_n$，写成向量为：

$$\boldsymbol{S} = (S_1, S_2, \cdots, S_i, \cdots, S_n)$$

该向量叫作状态向量。

每个自然状态发生的概率分别为 $P(S_1), P(S_2), \cdots, P(S_i), \cdots, P(S_n)$，写成向量为：

$$\boldsymbol{P} = [P(S_1), P(S_2), \cdots, P(S_i), \cdots, P(S_n)]$$

$\boldsymbol{P}$ 叫作状态概率矩阵或概率矩阵。

由概率论可知：

$$\sum_{j=1}^{n} P(S_j) = 1 \tag{7-2}$$

设 $a_{i,j}$ 是自然状态为 S_j 且采取行动方案 A_i 时所取得的效益值，即 $a_{i,j} = a(A_i, S_j)$。

当 i 确定时，j 由 1 变化到 n，则采取行动方案 A_i 在各种不同的自然状态 $S_1, S_2, \cdots, S_j, \cdots, S_n$ 下的益损值分别为 $a_{i1}, a_{i2}, \cdots, a_{in}$，写出的一般决策表如表 7-3 所示。

表 7-3　一般决策表

方案	S_1	S_2	…	S_j	…	S_n	益损期望值
	$P(S_1)$	$P(S_2)$	…	$P(S_j)$	…	$P(S_n)$	
A_1	a_{11}	a_{12}	…	a_{1i}	…	a_{1n}	$E=(A_1)$
A_2	a_{21}	a_{22}	…	a_{2j}	…	a_{2n}	$E=(A_2)$
⋮	⋮	⋮		⋮		⋮	⋮
A_i	a_{i1}	a_{i2}	…	a_{ij}	…	a_{in}	$E=(A_i)$
⋮	⋮	⋮		⋮		⋮	⋮
A_m	a_{m1}	a_{m2}	…	a_{mj}	…	a_{mn}	$E=(A_m)$
决策	$A_r = \max\limits_{A}[E(A)]$或$A_s = \min\limits_{A}[E(A)]$						

根据前面的分析，显然有：

$$E(A_i) = a_{i1}P(S_1) + a_{i2}P(S_2) + \cdots + a_{ij}P(S_j) + \cdots + a_{in}P(S_n) = \sum_{j=1}^{n} a_{ij}P(S_j) \tag{7-3}$$

简单写为：

$$E(A_i) = \sum_{j=1}^{n} a_{ij}P(S_j) \tag{7-4}$$

用 $\boldsymbol{B}$ 表示益损值矩阵：

$$\boldsymbol{B}=\begin{bmatrix} a_{11} & a_{12} & \cdots & a_{1n} \\ a_{21} & a_{22} & \cdots & a_{2n} \\ \vdots & \vdots & & \vdots \\ a_{i1} & a_{i2} & \cdots & a_{in} \\ \vdots & \vdots & & \vdots \\ a_{m1} & a_{m2} & \cdots & a_{mn} \end{bmatrix} \tag{7-5}$$

$\boldsymbol{B}$ 又称为风险矩阵。

把期望值写成一个列矩阵：

$$\boldsymbol{E}(A)=\begin{bmatrix} E(A_1) \\ E(A_2) \\ \vdots \\ E(A_i) \\ \vdots \\ E(A_m) \end{bmatrix} \tag{7-6}$$

显然有：

$$\boldsymbol{BP}^{\mathrm{T}}=\begin{bmatrix} a_{11} & a_{12} & \cdots & a_{1j} & \cdots & a_{1n} \\ a_{21} & a_{22} & \cdots & a_{2j} & \cdots & a_{2n} \\ \vdots & \vdots & & & & \vdots \\ a_{i1} & a_{i2} & \cdots & a_{ij} & \cdots & a_{in} \\ \vdots & \vdots & & & & \vdots \\ a_{m1} & a_{m2} & \cdots & a_{mj} & \cdots & a_{mn} \end{bmatrix}\begin{bmatrix} \sum_{j=1}^{n} P_j a_{1j} \\ \sum_{j=1}^{n} P_j a_{2j} \\ \vdots \\ \sum_{j=1}^{n} P_j a_{ij} \\ \vdots \\ \sum_{j=1}^{n} P_j a_{mj} \end{bmatrix}=\begin{bmatrix} E(A_1) \\ E(A_2) \\ \vdots \\ E(A_i) \\ \vdots \\ E(A_m) \end{bmatrix}=\boldsymbol{E}(A) \tag{7-7}$$

所以

$$\boldsymbol{BP}^{\mathrm{T}}=\boldsymbol{E}(A) \tag{7-8}$$

进行决策时：(1) 若是希望收益最大，则在期望值的列矩阵中找最大的元素所对应的方案，即

$$A_{\mathrm{r}}=\max_{A}[E(A)] \tag{7-9}$$

(2) 若是希望损失最小，则在期望值的列矩阵中找最小的元素所对应的方案，即

$$A_{\mathrm{s}}=\min_{A}[E(A)] \tag{7-10}$$

需要指出的是，在情形(1)中，如果出现的最大期望值多于一个，即有两个或两个以上，就会产生究竟选取哪一个对应的方案的问题。此时可以再比较一个指标，叫作期望值与效益值的下界差，记作：

$$D(A_i)=E(A_i)-\min_{j}(a_{ij}) \tag{7-11}$$

即在决策中如果两个方案的 $E(A_i)$ 相同，则可以这样处理：若 $D(A_i)$ 不同，则以 $D(A_i)$

较小的为好；若 $D(A_i)$ 相同，则任选一个方案即可。

决策矩阵法的优点：① 对于特别复杂、计算量特别大的决策问题，它比决策表法优越；② 此法把决策问题化成了两个矩阵相乘，最终得到一个矩阵（列矩阵或行矩阵），从中找出最大或最小元素，这样就为利用计算机进行决策分析创造了有利条件。

7.3.1.3　决策树法

决策树法是风险型决策中常用的方法，它不仅可以处理单阶段决策问题，而且可以处理用决策表和决策矩阵无法表达的多阶段决策问题。

（1）决策树

决策树是一种直观运用概率分析的图解法，通过构建决策树来求取净现值的期望值大于或等于零的概率，评价项目风险，判断其可行性。它是一个流程图形式的树结构，其中每个内部节点表示一个属性上的测试，每个分支代表一个测试输出，每个叶节点代表一种类别或预测结果。

在机器学习中，决策树是一个预测模型，代表的是对象属性与对象值之间的一种映射关系。决策树分为分类树和回归树两种，分类树是对离散变量所构建的决策树，回归树是对连续变量所构建的决策树。

决策树的构建过程通常包括两个主要步骤：决策树的生长和决策树的剪枝。决策树的生长就是根据训练数据集，通过递归选择最优切分特征，生成决策树的过程。而决策树的剪枝则是为了避免过拟合，通过删除一些分支来优化决策树的过程。

决策树算法的优点包括易于理解和实现，对数据预处理的要求不高，能够处理数值型和类别型数据，以及能够处理多输出问题。然而，决策树算法也存在一些缺点，如对连续性和缺失值处理不好，容易过拟合等。

决策树算法在各个领域都有广泛的应用，如文本分类、语音识别、模式识别和专家系统等。在实际应用中，需要根据具体问题的特点选择合适的决策树算法，并进行参数调优，以获得更好的性能。

应用决策树做决策的过程，是从右向左逐步后退进行分析的。根据右端的益损值和概率枝的概率，计算期望值，确定方案的期望结果，然后根据不同方案的期望结果作出选择。方案的舍弃叫作修枝，被舍弃的方案在方案枝上做“≠”的记号来表示（即修剪的意思）。最终在决策点留下一条树枝，即最优方案。

决策树不仅能表示出不同决策方案在不同自然状态下的结果，而且能显示出决策的过程，内容形象、思路清晰，是辅助决策者进行决策的有用工具。

决策树图的绘制步骤如下：第一步绘出决策点和方案枝，在方案枝上标出对应的备选方案；第二步绘出机会点和概率枝，在概率枝上标出对应的自然状态出现的概率；第三步在概率枝的末端标出对应的益损值，这样就得出一个完整的决策局面图。

（2）决策树的单阶段决策

当所要决策的问题，只需要进行一次决策就可解决时，叫作单阶段决策问题。如果问题比较复杂，要进行一系列的决策才能解决，就叫作多阶段决策问题。以下是一个关于矿产资源评估的决策树实例的详细解释。

① 场景描述

一家矿业公司想要评估某个地区的矿产资源潜力，以决定是否在该地区进行投资开采。

决策者考虑使用决策树来帮助作出这个决策。

② 特征解释

地质勘探数据：这个特征包括地质构造、地层岩性、矿产分布等信息。通过地质勘探，公司可以了解地下岩石的成分、结构以及矿产资源的分布和储量。

矿产资源类型：这个特征是指该地区可能存在的矿产资源类型，如金矿、铁矿、煤矿等。不同类型的矿产资源具有不同的经济价值和市场需求。

开采成本：这个特征涉及开采矿产所需的投资、设备、人力等资源以及环境修复费用等成本。开采成本直接影响公司的盈利能力和投资决策。

③ 决策过程

决策树从根节点开始，先根据地质勘探数据评估该地区的矿产资源潜力。如果地质勘探数据显示该地区具有较高的矿产资源潜力，那么决策树会进一步考虑矿产资源类型和开采成本。

如果矿产资源类型具有较高的经济价值和市场需求，并且开采成本在可接受范围内，那么决策树会推荐在该地区进行投资开采。如果有任何一个条件不满足，决策树则会建议慎重考虑或选择其他地区。

④ 实例分析

假设某地区的地质勘探数据显示该地区可能存在大量的金矿，且矿产资源类型具有较高的经济价值。然而，开采成本相对较高，包括设备购置费用、人力成本以及环境修复费用等费用。

根据决策树的规则，虽然该地区具有金矿资源，但由于开采成本较高，公司可能需要进一步评估是否能够通过提高开采效率、降低成本或寻找其他融资渠道来平衡投资回报。如果公司认为即使面临较高的开采成本，金矿的经济价值仍然具有足够吸引力，那么决策者可能会决定在该地区进行投资开采。

(3) 决策树的多阶段决策

决策树的多阶段决策在矿业方面的应用通常涉及一系列连续的决策过程，这些过程可能包括勘探阶段、开采阶段、生产阶段和销售阶段等。以下是一个多阶段决策树在矿业方面应用的实例，以展示如何在不同阶段作出决策。

① 场景描述：一家矿业公司计划开发一个新的矿区，并希望在不同的开发阶段作出明智的决策。这包括勘探阶段、初步评估阶段、开采计划阶段、生产管理阶段和销售阶段等。

② 决策阶段与特征：

a. 勘探阶段：

勘探成本：评估勘探所需的投资成本。

矿产资源潜力：基于勘探数据，评估该地区的矿产资源储量、质量和分布。

技术可行性：评估开采技术的可行性，包括现有技术和潜在的技术挑战。

b. 初步评估阶段：

经济评估：分析预计的开采成本、矿产价格和市场需求，以评估项目的经济可行性。

环境影响：评估开采活动对环境的潜在影响，并考虑必要的环境修复和治理措施。

c. 开采计划阶段：

开采方法选择：选择最合适的开采方法，考虑技术、成本、安全和环境因素。

开采时间表：制定开采时间表，考虑市场需求、资源利用效率和可持续性。

d. 生产管理阶段：

生产效率：优化生产过程，提高生产效率、降低成本。

安全管理：确保开采活动的安全，遵守相关法规和标准。

e. 销售阶段：

市场分析：分析矿产市场的需求、价格趋势和竞争对手情况。

销售策略：制定销售策略，包括定价、销售渠道和客户关系管理等。

f. 决策过程：

决策树在每个阶段都会根据相应的特征进行分支，并根据收集到的数据和评估结果作出决策。在每个阶段，公司都会评估不同的选项，并选择最符合其目标和约束条件的决策路径。

例如，在勘探阶段，公司可能会根据勘探成本、矿产资源潜力和技术可行性等因素，决定是否继续进行勘探。如果评估结果是积极的，公司可能会进入初步评估阶段，进一步分析项目的经济和环境影响。

在每个阶段，公司都可以使用决策树来权衡不同的因素，并作出明智的决策。决策树还可以帮助公司识别潜在的风险和不确定性，并制定相应的风险管理策略。

③ 实例分析：

假设在勘探阶段，公司发现该地区的矿产资源潜力较高，但勘探成本也相对较高。在这种情况下，公司可以使用决策树来评估是否继续勘探或转向其他地区。如果公司认为高矿产资源潜力可能带来更高的经济回报，并且愿意承担较高的勘探成本，那么决策者可能会选择继续勘探。

随着项目的进展，公司将在每个阶段面临不同的决策挑战。通过使用决策树，公司可以系统地评估每个阶段的选项，并作出符合其整体战略和目标的决策。

这个多阶段决策树的实例展示了如何在矿业项目的不同开发阶段使用决策树来作出明智的决策。通过综合考虑技术、经济、环境和市场等因素，公司可以更加科学和系统地管理矿业项目，提高项目的成功率和盈利能力。

7.3.1.4 风险型决策计算及应用

【例 7-1】 设风险型决策只有两个行动方案 a_1 和 a_2，它们分别如下：a_1——以 0.3 的概率得到 10 元，以 0.4 的概率得到 20 元，以 0.3 的概率得到 30 元；a_2——以 0.2 的概率得到 10 元，以 0.6 的概率得到 20 元，以 0.2 的概率得到 30 元。列表如表 7-4 所示。

表 7-4 风险型行动方案 a_1 和 a_2 的收益及其概率

行动方案	收益/元	概　率
a_1	10	0.3
	20	0.4
	30	0.3
a_2	10	0.2
	20	0.6
	30	0.2

通过计算，得到行动方案 a_1 和 a_2 的期望效用熵 $Eu(a)$ 和效用风险熵 $Hu(a)$，列于表 7-5。

表 7-5　风险型行动方案 a_1 和 a_2 的期望效用熵和效用风险熵

行动方案	$Eu(a)$	$Hu(a)$
a_1	0.5	1.089
a_2	0.5	0.950

由于 $Eu(a_1)=Eu(a_2)$，而 $Hu(a_1)>Hu(a_2)$，可知，对任意的 λ，都有 $f(a_1)<f(a_2)$，从而有 $a_1<a_2$，所以，利用 EU 决策准则，可以得到行动方案 a_1 优于行动方案 a_2。

【例 7-2】　现有三个风险型投资行动方案 X_1、X_2、X_3，其收益率(%)及其相应的概率如表 7-6 所示。

表 7-6　风险型投资行动方案 X_1、X_2、X_3 的收益率及其概率

行动方案	收益率/%	概　率
X_1	−10	0.5
	30	0.5
X_2	−5	0.25
	0	0.25
	10	0.25
	40	0.25
X_3	−5	0.2
	2	0.2
	10	0.2
	40	0.4

通过计算，可以得到三个行动方案 X_1、X_2、X_3 的期望效用熵和效用风险熵，如表 7-7 所示。

表 7-7　风险型投资行动方案 X_1、X_2、X_3 的期望效用熵和效用风险熵

行动方案	$Eu(a)$	$Hu(a)$
X_1	0.400	0.693
X_2	0.425	1.386
X_3	0.568	1.121

很明显，由于 $Eu(X_3)>Eu(X_2)$，且 $Hu(X_3)<Hu(X_2)$，从而根据 EU 决策准则有 $f(X_3)<f(X_2)$，即 $X_3<X_2$，因而，对任意的 λ，由效用决策模型可得出投资行动方案 X_3 优于 X_2。

再来分析 X_3 与 X_1，假设决策者的期望效用熵-效用风险熵平衡系数为 λ，则 X_3 与 X_1 的效用函数值分别为：

$$f(X_1)=\frac{0.4}{0.568}\lambda-\frac{0.693}{1.369}(1-\lambda)=1.204\lambda-0.5$$

$$f(X_3)=\lambda-\frac{1.121}{1.386}(1-\lambda)=1.809\lambda-0.809$$

X_3优于X_1的充要条件为：

$$X_3<X_1\Leftrightarrow f(X_3)<f(X_1)\Leftrightarrow 0.511<\lambda\leqslant 1$$

即当且仅当$0.511<\lambda\leqslant 1$时，投资者的决策行动方案X_3优于X_1。同理，可以讨论X_2与X_1之间的优劣关系。接下来进一步分析X_1、X_2、X_3之间的随机占优关系，不难得到它们的分布函数分别为：

$$F_1(x)=\begin{cases}0 & x<-10\\0.5 & -10\leqslant x<30\\1 & x\geqslant 30\end{cases}$$

$$F_2(x)=\begin{cases}0 & x<-5\\0.25 & -5\leqslant x<0\\0.5 & 0\leqslant x<10\\0.75 & 10\leqslant x<40\\1 & x\geqslant 40\end{cases}$$

$$F_3(x)=\begin{cases}0 & x<-5\\0.2 & -5\leqslant x<2\\0.4 & 2\leqslant x<15\\0.6 & 15\leqslant x<40\\1 & x\geqslant 40\end{cases}$$

容易验证，X_1和X_2之间，X_1和X_3之间不具有一阶随机占优关系；而对任意x，均有$F_3(x)\leqslant F_2(x)$，且至少存在一个x_0，使得$F_3(x_0)\leqslant F_2(x_0)$，于是$x_3$一阶随机占优于$x_2$，这与效用决策模型得到的结论一致。

7.3.2　完全不确定型决策

完全不确定型决策是指决策者无法确定未来各种自然状态发生的概率的决策，是在不稳定条件下进行的决策。只要可供选择的方案不止一个，决策结果就存在不确定性。

完全不确定型决策问题与风险型决策问题相比，除了自然状态的发生概率无法确切估计外，其余特征都是相似的，这使两者在方法上也存在许多共同方面，可以延用。比如，在风险型决策方法介绍中提到的决策树法。此外，在进行完全不确定型决策时，还存在与最大准则、最小准则、折中系数准则及后悔值相关联的几种常用方法。

在不确定型决策中，当自然状态发生的概率不能确定，也没有统计数据可以遵循时，决策就变为完全不确定型决策。此时决策的作出全凭决策者的态度和打算，目前已有的决策法则有下列几种。

7.3.2.1　小中取大法则——悲观法则

这一法则的基本做法是先找出每种方案在最不利情况下的收益，然后选择较小收益中最大的那个方案作为最优方案，即取$\max\limits_{A_i}\{\min\limits_{S_j}[A_i,S_j]\}$为最优方案。

7.3.2.2　大中取大法则——乐观法则

这一法则的基本做法是首先找出各方案在最有利情况下的收益，然后选择最大收益所对应的方案作为最优方案，即 $\max_{A_i}\{\max_{S_j}[A_i, S_j]\}$。此即选取“最有利中最有利”方案，故又称乐观法则。

7.3.2.3　折中法则——α 法则

这一法则是上述悲观法则与乐观法则的折中，其方法如下。

(1) 根据历史资料和经验判断，确定系数 $\alpha(0 < \alpha < 1)$。

(2) 根据方案 i 的最大收益 $V_{i\max}$ 与最小收益 $V_{i\min}$，计算方案 i 的折中收益 H_i，即 $H_i = \alpha V_{i\max} + (1-\alpha)V_{i\min}$。

(3) 选择折中收益最大的方案，即 $\max H_i$ 对应的方案作为最优方案。

7.3.2.4　大中取小法则——最小遗憾法则

这一法则的基本思想是处事以遗憾越小越好。这是因为决策者作出决策后，常与事实有出入，所以以遗憾最小为最优。例如，某矿业公司正在考虑三个不同的矿业投资项目：项X、项目 Y 和项目 Z。由于矿产市场价格波动、地质条件复杂以及开采成本不确定性等因素，每个项目都面临着三种可能的市场情景：乐观情景、中性情景和悲观情景，各项目在不同情景下的收益也各异。其中，项目 X、项目 Y 和项目 Z 在乐观情景中收益分别为 500 万元、0 万元、800 万元，在中性情景中收益分别为 100 万元、300 万元、0 万元，在悲观情景中收益分别为 100 万元、400 万元、0 万元。按照最小遗憾法则求解，其方法是在收益矩阵的每一列中选出最大的元素，将这一列的每个元素都减去这个最大值再取绝对值，得遗憾值矩阵，如表 7-8 所示。然后找出各方案的最大遗憾值，运用大中取小法则，选其中最小者的方案为最优方案。为使遗憾最小，应选 X 方案。

表 7-8　大中取小法则决策表

方案	遗憾值			最大遗憾值
	乐观情景	中性情景	悲观情景	
X	300	200	300	300*
Y	800	0	0	800
Z	0	300	400	400

* 表示最优决策。

7.3.2.5　完全不确定型决策计算及应用

某矿体为网脉状云英岩-矽卡岩钨钼铋矿体，平均厚度为 79.5 m，呈缓倾斜产出，倾向南东，倾角一般为 5°～20°，局部 30°。矿岩坚固，单轴抗压强度为 80.9～138.2 MPa。矿体可爆性极差。矿石无自燃、结块性。岩体连续性、完整性好。矿山原设计采矿方案为分段空场嗣后充填采矿法。因现有设备配套效率低、分段高度小、采准工程量大、二次破碎频繁、爆烟严重影响井下环境、房间矿柱和盘区矿柱失稳垮落等一系列原因，需要对现有采矿方案进行改进。为此，结合矿山的实际情况，初选了 5 个采矿方案。这 5 个方案的矿块结构参数、底部结构、凿岩设备、出矿设备和装药设备均相同，它们的分段高度和炮孔布置如表 7-9 所示。

表 7-9　采矿方案

方案名称	分段高度/m	炮孔布置
方案 A_1	22	半环形中深孔
方案 A_2	22	环形中深孔
方案 A_3	55	平行深孔
方案 A_4	22	上向扇形深孔
方案 A_5	22.33	半环形中深孔、半环形深孔

根据方案比较的需要并结合该矿的具体情况，将决策属性 g_j ($j=1,2,\cdots,8$)分别确定为经济效益(矿房开采总利税/万元)、矿石损失率(%)、大块率(%)、万吨采切比(m/万 t)、采矿安全性、通风条件、技术难度和环境保护(指对矿柱的保护程度)。其中，前 4 个属性为定量属性，后 4 个为定性属性。对于定量属性，采用分析、类比和概算的方法估算其区间值；对于定性属性，用线段法估计其取值区间。然后采用专家评价法获得各属性的权重信息即权重区间。各方案的属性区间评价值和属性权重区间如表 7-10 所示。

表 7-10　属性权重区间与决策属性区间评价值

g_j	ω_j	A_1	A_2	A_3	A_4	A_5
g_1	[0.105 6,0.120 8]	[215,232]	[205,230]	[285,310]	[270,295]	[270,290]
g_2	[0.093 0,0.104 7]	[8,10]	[11,3]	[8,10]	[9,11]	[8,10]
g_3	[0.125 1,0.138 8]	[5,10]	[10,20]	[5,8]	[10,15]	[6,10]
g_4	[0.114 1,0.127 9]	[40,44]	[30,35]	[26,30]	[31,35]	[31,35]
g_5	[0.146 8,0.166 0]	[0.9,1]	[0.4,0.6]	[0.7,0.8]	[0.6,0.8]	[0.7,0.9]
g_6	[0.103 2,0.116 8]	[0.5,0.7]	[0.1,0.2]	[0.8,1]	[0.9,1]	[0.7,0.9]
g_7	[0.107 3,0.122 6]	[0.9,1]	[0.3,0.5]	[0.7,0.9]	[0.4,0.6]	[0.7,0.9]
g_8	[0.145 4,0.161 4]	[0.9,1]	[0.3,0.4]	[0.9,1]	[0.4,0.6]	[0.9,1]

将定量属性值规范化可得规范化决策矩阵，如表 7-11 所示。再依照等概率模型(折中法则)和最小遗憾决策模型(大中取小法则)求解，可得权重计算结果，见表 7-12。

表 7-11　规范化决策矩阵

g_j	$\mathbf{A}_1$	$\mathbf{A}_2$	$\mathbf{A}_3$	$\mathbf{A}_4$	$\mathbf{A}_5$
g_1	[0.158 4,0.186 3]	[0.151 1,0.184 7]	[0.210 0,0.249 0]	[0.199 0,0.236 9]	[0.199 0,0.232 9]
g_2	[0.173 3,0.213 8]	[0.133 3,0.194 3]	[0.173 3,0.213 8]	[0.157 5,0.237 5]	[0.173 3,0.213 8]
g_3	[0.130 4,0.452 8]	[0.065 2,0.226 4]	[0.163 0,0.452 8]	[0.087 0,0.226 4]	[0.130 4,0.377 4]
g_4	[0.140 9,0.176 3]	[0.177 1,0.235 1]	[0.206 6,0.271 3]	[0.177 1,0.227 5]	[0.177 1,0.227 5]
g_5	[0.9,1]	[0.4,0.6]	[0.7,0.8]	[0.6,0.8]	[0.7,0.9]
g_6	[0.5,0.7]	[0.1,0.2]	[0.8,1]	[0.9,1]	[0.7,0.9]
g_7	[0.9,1]	[0.3,0.5]	[0.7,0.9]	[0.4,0.6]	[0.7,0.9]
g_8	[0.9,1]	[0.3,0.4]	[0.9,1]	[0.4,0.6]	[0.9,1]

表 7-12　权重计算结果

w_{11}	w_{21}	w_{31}	w_{41}	w_{51}	w_{61}	w_{71}	w_{81}
0.120 8	0.104 7	0.138 8	0.127 9	0.146 8	0.108 3	0.107 3	0.145 4
w_{12}	w_{22}	w_{32}	w_{42}	w_{52}	w_{62}	w_{72}	w_{82}
0.105 6	0.093	0.125 1	0.114 1	0.166 0	0.112 2	0.122 6	0.161 4

据此可采用式(7-12)：

$$E_i^- = \sum_{j=1}^{n} b_{ij}^- \omega_j^1, E_i^+ = \sum_{j=1}^{n} b_{ij}^+ \omega_j^2 \quad i = 1,2,\cdots,m; j = 1,2,\cdots,n \tag{7-12}$$

计算出方案的综合评价区间 E_i。取 $\theta=0.5$,可计算出各方案的区间序数 θ 排序值 $m_{0.5}(E_i)$,见表 7-13。

表 7-13　采矿方案的综合评价区间值与排序值

	A_1	A_2	A_3	A_4	A_5
E_i	[0.487 1,0.644 9]	[0.209 3,0.340 6]	[0.487 9,0.650 5]	[0.361 9,0.516 8]	[0.467 5,0.639 8]
$m_{0.5}(E_i)$	0.566 0	0.275 0	0.569 2	0.439 4	0.553 7

显然,方案 A_3 排序值最大,因此分段高度达 55 m、采用平行深孔崩矿的高分段采矿方案 A_3 为最佳方案。矿山采用 A_3 方案进行了回采试验,取得了很好的技术经济效果:采场生产能力达 393 t/d,矿石损失率 4%,矿石贫化率 1%,大块率 6%,炸药单耗(包括一次崩矿和二次破碎在内)比矿山近两年的平均指标降低 12%以上,万吨采切比 27.8 m/万 t。这充分说明了采矿方案选择方法的科学性和可行性。

7.3.3　贝叶斯决策

贝叶斯决策理论是一种解决分类问题的统计学方法。在分类的类别数以及相关概率密度已知的前提下,根据贝叶斯决策理论可以实现统计意义上的最优分类。贝叶斯决策通过概率学方法对各项决策可能带来的风险进行估计,通过选择风险最小的决策来实现有效的风险控制。

贝叶斯决策的理论推导是建立在贝叶斯公式基础之上的。

$$P(\omega_j | x) = P(x | \omega_j) P(\omega_j) P(x) \quad j = 1,2,\cdots,n \tag{7-13}$$

式中　x——测试样本;

ω_j——相应的分类结果;

n——分类的总数。

$P(\omega_j | x)$表示测试样本 x 被划分为 ω_j 这一类的概率,称为后验概率。$P(x | \omega_j)$表示在 ω_j 这一类中,x 出现的概率,称为似然概率。$P(\omega_j)$表示 ω_j 这一类出现的概率,是由已有的先验知识决定的,故称为先验概率。

由贝叶斯公式可以看出,通过对样本 x 的观测,并且在先验知识 $P(\omega_j)$的帮助下,我们可以将似然概率 $P(x | \omega_j)$的值转换为后验概率 $P(\omega_j | x)$的值。贝叶斯公式本身也可以用来进行分类。若

$$P(\omega_1 | x) > P(\omega_2 | x) \tag{7-14}$$

则 x 会被分类为 ω_1，若

$$P(\omega_2 \mid x) > P(\omega_1 \mid x) \tag{7-15}$$

则 x 会被分类为 ω_2。这种决策方法完全依赖后验概率的比较，称为最大后验概率比较法，该方法直观明了，但并没有将每种决策所带来的风险考虑进去。

贝叶斯决策理论将错误决策所造成的损失考虑到决策制定过程中。$\lambda_{i,j}$ 表示当决策将 x 归为 ω_i 类，而 x 其实属于 ω_j 类时可能造成的损失。那么，当样本 x 被观测到，并且决策将 x 归为 ω_i 类时，该决策相对应的风险函数 R 就可用以下模型表示：

$$R(\omega_i \mid x) = \sum_{j=1}^{n} \lambda_{i,j} P(\omega_j \mid x) \tag{7-16}$$

即在贝叶斯决策理论中，只需要计算出将 x 分到每一类中的风险，并选择风险最小的分类方法作为决策。因此，最终的公式可以写作：

$$R(\omega_i \mid x) = \sum_{j=1}^{n} \lambda_{i,j} P(x \mid \omega_j) P(\omega_j) P(x) \quad j = 1,2,\cdots,n \tag{7-17}$$

在实际应用中，x 可以是一个多维度的向量，其中可以包含实际需要的特征，如 x 可以包含电压等级、线路回数和接地电阻等多种特征。每一个分类 ω_j 可以对应不同的防雷措施，如加强绝缘、安装线路型避雷器等。实际计算中所需要的参数 $\lambda_{i,j}$、$P(x \mid \omega_j)$ 和 $P(\omega_j)$，则可以根据先验知识以及已有的防雷案例推导得到。

贝叶斯决策理论的优势在于统计意义上具有坚实的理论基础，而且可以对每一种分类进行量化的风险评估，从而实现层次化的决策推荐机制。另外，当所需参数确定好之后，实际应用的计算复杂度较低，效率较高。

7.3.3.1　求联合概率和全概率

由概率的乘法定理可知，A_i 和 B_j 的联合概率为：

$$P(A_iB_j) = P(A_i \mid B_j)P(B_j) \text{ 或 } P(A_iB_j) = P(B_j \mid A_i)P(A_i) \tag{7-18}$$

又由全概率公式可得事件 A_i 的全概率：

$$P(A_i) = \sum_{j=1}^{n} P(A_i \mid B_j)P(B_j) \tag{7-19}$$

7.3.3.2　求条件概率

条件概率计算公式为：

$$P(B_j \mid A_i) = \frac{P(B_j \mid A_i)P(B_j)}{\sum_{j=1}^{n} P(B_j \mid A_i)P(B_j)} = \frac{P(A_iB_j)}{P(A_i)} \tag{7-20}$$

因此，联合式(7-19)和式(7-18)中的全概率 $P(A_i)$ 除联合概率 $P(A_iB_j)$ 即得所需条件概率。

7.3.3.3　求期望盈利值

例如，“不调查”情况下生产新产品的期望盈利值为：

$$(0.25 \quad 0.30 \quad 0.45)\begin{pmatrix} 15 \\ 1 \\ -6 \end{pmatrix} = 1.35\ (\text{万元})$$

在调查后结论分别为“好”“中”“差”的情况下，对应的新产品期望盈利值为：

$$\begin{bmatrix} 0.575 & 0.266 & 0.159 \\ 0.236 & 0.509 & 0.255 \\ 0.055 & 0.199 & 0.746 \end{bmatrix} \begin{bmatrix} 15 \\ 1 \\ -6 \end{bmatrix} = \begin{bmatrix} 7.937 \\ 2.519 \\ -3.452 \end{bmatrix}$$

即当调查结论为市场需求“好”时，生产新产品的期望盈利值为7.937万元；结论为“中”时，期望盈利值为2.519万元；结论为“差”时，期望盈利值为－3.452万元。调查结论表明，该产品的需求“差”时，期望盈利值是负数，因此不可能投产。这样，在“调查”情况下生产该新产品的期望盈利值为：

$$\begin{bmatrix} 0.2825 & 0.2650 & 0.4525 \end{bmatrix} \begin{bmatrix} 7.937 \\ 2.519 \\ 0 \end{bmatrix} = 2.91\text{（万元）}$$

7.3.3.4　决策

“调查”情况下生产新产品的期望盈利值为2.91万元，减去调查费用6 000元后还有2.31万元，大于“不调查”情况下的期望盈利值1.35万元。因此，做如下决策：① 进行市场调查。② 若调查结论表明市场需求为“好”或“中”，则生产该产品；若市场需求为“差”，则不生产该产品。

7.3.4　多目标决策

在决策分析中，往往需要同时考察多个目标。例如，设计一个新产品，就要达到优质、高效、低消耗、低污染；选择一个新厂址，就要考虑原料产地的远近、市场距离、运输费用等；研制一种新型的导弹，既要射程远，又要省燃料，还要精度高，而要射程远，就需要质量轻、体积小、推力大，因而需要压缩弹体体积，多携带燃料和仪器。可见，目标不仅有多个，而且目标间又往往是互相矛盾的。只有对各种因素的指标进行综合衡量，才能作出合理的决策。

7.3.4.1　多目标决策问题的基本概念

多目标决策是对多个相互矛盾的目标进行科学、合理的选优，然后作出决策的理论和方法。它是20世纪70年代后迅速发展起来的管理科学的一个新的分支。多目标决策与只为了达到一个目标而从许多可行方案中选出最佳方案的一般决策有所不同。

多目标决策有各种各样的形式，但其基本特征有两点，即目标间的不可共度性和目标间的矛盾性。前者是指各目标间通常没有统一的度量标准，因而难以进行比较；后者是指增加某一目标的利益，常常会使另外的某一或某些目标变坏，因而通常不存在一般意义下的最优解。显然，多目标决策与单目标决策有着质的区别。

从人们在多目标条件下合理进行决策的过程和机制上分析，多目标决策的理论主要有：多目标决策过程的分析和描述；冲突性的分解和理想点转移的理论；多属性效用理论；需求的多重性和层次性理论；等等。它们是构成多目标决策分析方法的理论基础。

在多目标决策中，有一部分方案经比较后可以淘汰，称为劣解；但还有一部分方案既不能淘汰，又不能互相比较，从多目标上考虑又都不是最优解，称为非劣解（或有效解、帕累托解）。

在多目标决策问题中，由于不能简单比较两个解的优和劣，所以就有劣解和非劣解两个重要概念。

7.3.4.2　“化多为少”的方法

化多为少的方法在计算过程中主要体现在将复杂的多步骤计算或多因素问题转化为更

简单的单一计算或少数几个因素的问题。这种方法通常用于数学、物理、工程等领域，以便更容易地找到解决方案。该方法主要包括以下几种。

(1) 主要目标法

通过对实际问题的分析，只要抓住一两个主要目标，使其满足一定要求即可。

(2) 线性加权法

若有 m 个目标 $f_i(x)$，分别赋予权系数 $\lambda_i(i=1,2,\cdots,m)$，然后构造新的目标函数(也称效用函数)

$$U(x)=\sum_{i=1}^{m}\lambda_i f_i(x) \tag{7-21}$$

该方法难点是找到合理的权系数，使多个目标用同一尺度统一起来，同时所找到的最优解又是向量极值的好的非劣解(在多目标优化问题中，不论用何方法，至少应找到一个非劣解或近似非劣解)；另外，因非劣解可能有很多，如何从中挑出较好的解也是一个重要问题，这个解有时就要用到另外的目标。

(3) 平方和加权法

平方和加权法是一种数值分析方法，其核心思想是将每个数据点与其平均值的差值平方，然后将这些平方值加权求和。加权求和的值越大，说明数据点之间的差异越大。这种方法在处理数据集中的离群值时非常有用，因为它可以将这些值的影响最小化，从而得到更准确的结果。

平方和加权法在统计学、机器学习和数据分析领域都有广泛应用，可以用于回归分析、聚类分析、异常检测等任务，帮助人们更好地理解和分析数据。

此外，平方和加权法还是一种求解多目标规划问题的方法，指用平方和加权形式使各目标尽可能逼近其想象最好值的求解多目标规划问题的一种方法。

平方和加权法的应用场景非常广泛，特别是在数据分析、统计学和机器学习领域。以下是一些具体的应用场景。

回归分析：在回归分析中，平方和加权法可以用于确定最佳拟合线或曲面，以最小化数据点与模型预测值之间的差的平方和。

聚类分析：在聚类分析中，平方和加权法可以用于确定数据点之间的相似性或距离。通过将每个数据点的差值平方并加权求和，可以计算出不同数据点之间的相似度，从而将数据点划分为不同的簇。

异常检测：平方和加权法也可以用于异常检测，即识别数据集中的离群值。通过将每个数据点的差值平方并加权求和，可以识别出与整体数据分布差异较大的数据点，这些点可能是异常值或错误数据。

多目标规划：通过将多个目标函数转化为平方和加权形式，可以求解出使各目标尽可能逼近其理想值的解。

(4) 理想点法

理想点法是一种多属性决策分析方法，用于解决多目标决策问题。它首先确定每个属性的理想点和负理想点，然后计算各备选方案到这两个点的距离，从而进行方案的排序和选择。

理想点法的步骤如下：① 确定决策问题的属性和备选方案；② 对每个属性进行归一化处理，消除量纲和量值的影响；③ 确定每个属性的权重，以反映各属性在决策中的重要程度；④ 确定理想点和负理想点，理想点是指各属性达到最优值的方案，负理想点是指各属性达到最差值的方案；⑤ 计算各备选方案到理想点和负理想点的距离，距离的计算方法可以采用欧几里得距离、加权距离等；⑥ 根据距离计算结果，计算各备选方案的相对贴近度，相对贴近度是指备选方案到理想点的距离与到负理想点的距离之比，反映备选方案与理想方案的接近程度；⑦ 根据相对贴近度对备选方案进行排序，选择最优方案。

理想点法的优点在于能够综合考虑多个属性，并且可以通过权重设置反映不同属性在决策中的重要性。此外，理想点法还可以处理属性间的相关性和非线性关系。然而，理想点法也存在一些局限性，如对数据的敏感性和对属性权重的主观性。

在实际应用中，理想点法广泛应用于多目标决策问题，如供应链管理、项目选择、产品设计等领域。通过理想点法，决策者可以综合考虑多个因素，找到最优方案，提高决策的科学性和准确性。

(5) 功效系数-几何平均法

功效系数中的几何平均法是一种特定的计算方法，用于确定一组数的综合功效系数。这种方法采用几何平均的方式对各指标的评价进行加权处理。

具体来说，功效系数-几何平均法的计算公式为：

$$D = [\prod (d_i^{p_i})]^{(\frac{1}{\sum p_i})} \tag{7-22}$$

式中，D 代表综合功效系数；d_i 代表第 i 项指标的功效分数；p_i 代表第 i 项指标的权重。式(7-22)通过将所有指标的功效分数进行加权几何平均，得出一个综合功效系数。

该方法对单项指标功效分数下降的反应较为灵敏，这意味着如果某个指标的功效分数有所下降，总功效系数也会相应地下降，这有助于提醒决策者关注那些表现不佳的指标。然而，对于单项指标功效分数提高的反应，几何平均法可能不如加权算术平均法灵敏。

因此，使用功效系数-几何平均法时，决策者应关注所有指标，确保它们都得到均衡发展，从而全面、均衡地完成各项计划。这种方法有利于决策者全面了解自身在各方面的表现，为制定更为合理的决策提供科学依据。

7.3.4.3 *分层序列法*

分层序列法是一种求解多目标规划问题的方法，也是一种有效的管理和决策分析工具。该方法的基本思想是将复杂问题分解成若干个较小的问题，并将它们按照一定的层次结构组织起来，以便更好地理解和解决问题。

在分层序列法中，首先需要将所有目标按其重要性分成不同的层次，如最重要、次重要、重要、不重要、最不重要等；然后按照从最重要到最不重要的顺序逐一求解。

对于最重要的一类目标，我们首先求其有效解，或者通过化多为少的方法求出最优解集。这些最优解集将作为次重要一类目标求解的基础。然后，在次重要的一类目标中求最优解或有效解集，如此继续，直到求出最不重要的一类目标的最优解集，或者某一类目标再也找不到最优解为止。

此外，分层序列法还可以将大问题分解成一系列逐渐细化的子问题。这些问题可以是定性的，也可以是定量的，可以是主观的，也可以是客观的。每个问题都被分配到一个特定的层次，每个层次都有其特定的功能和目标。

分层序列法的结构通常由四个层次组成：① 目标层——这是最高层次，表示问题的总体目标和目的；② 准则层——这一层次包含实现目标所需的各种准则或标准；③ 方案层——这一层次包含实现目标的各种可能方案或措施；④ 措施层——这一层次包含具体的实施措施或步骤。

通过将问题分解成这些层次，分层序列法可以帮助我们更好地理解问题的本质和复杂性，并找到解决问题的最佳方案。同时，它还可以帮助我们在决策过程中考虑各种因素和约束条件，从而作出更加科学、合理的决策。

7.3.4.4　直接求非劣解法

非劣解是多目标规划的基本概念之一，主要用于处理包含定量和定性属性的多目标决策问题。非劣解具体是指在给定的可选方案集中，找不到能够使每一指标都改进的解。也就是说，在可行解集中，没有其他方案的所有目标函数值都不劣于此方案，并且至少有一个目标函数值优于此方案。

特点：非劣解集可能包含多个解，这些解在多个目标函数中表现良好，但没有一个解在所有目标中都是最优的。这是因为多目标规划问题通常存在冲突的目标，一个目标的改善可能导致另一个目标的恶化。

应用：非劣解法广泛应用于各种多目标决策问题，如资源分配、生产计划、投资决策等。通过寻找非劣解，决策者可以在多个目标之间找到平衡点，以满足不同的需求和偏好。

求解方法：常见的非劣解求解方法包括加权法、目标规划法、约束法等。这些方法通过引入权重、目标优先级等概念，将多目标问题转化为单目标问题进行求解。加权法是最常用的方法之一，它通过给每个目标函数分配一个权重，将多目标问题转化为带权重的单目标问题进行求解。

决策过程：在得到非劣解集后，决策者需要根据自己的偏好和实际需求，从非劣解集中选择最满意的解。该过程通常需要考虑多个因素，如目标的优先级、资源的限制、风险的承受能力等。

最佳调和解是根据决策人的偏好结构从非劣解集中选出的最满意的解。

7.3.4.5　多目标线性规划的解法

(1) 逐步法

逐步法是一种多目标线性规划的求解方法，用于处理包含多个目标函数的线性规划问题。逐步法的核心思想是将多目标问题转化为一系列单目标问题进行求解。以下是逐步法的详细解释。

① 目标函数的优先级排序

在多目标线性规划中，不同的目标函数可能有不同的优先级。需要确定各个目标函数的优先级顺序。这通常基于决策者的偏好、实际需求或问题的特定背景。

② 逐步求解单目标问题

从优先级最高的目标函数开始，将其作为当前的单目标问题进行求解。这可以通过标准的线性规划求解方法来完成，如单纯形法、内点法等。

在求解过程中，需要考虑所有约束条件，确保解的有效性。

迭代过程：

在得到当前目标函数的最优解后，将其作为下一个目标函数的约束条件之一。这意味着在求解下一个目标函数时，需要满足之前目标函数的最优解。

接着，求解下一个优先级的目标函数，将其作为单目标问题进行优化。同样，需要满足所有之前的约束条件，包括之前目标函数的最优解。

③ 终止条件

逐步法会持续迭代，直到所有目标函数都被考虑完毕。在某些情况下，当求解到某个目标函数时，发现无法满足之前的约束条件，那么可能需要重新考虑目标函数的优先级或调整约束条件。

④ 结果分析

最终，逐步法会得到一组解，这组解在满足所有约束条件的同时，尽可能地使各个目标函数达到最优。然而，需要注意的是，由于多目标问题的复杂性，可能存在多个帕累托最优解。因此，决策者需要根据实际情况和偏好，从帕累托最优解集中选择最合适的解。

逐步法的优点在于它能够将复杂的多目标问题分解为一系列相对简单的单目标问题进行求解。然而，这种方法也存在一些局限性，如它可能无法找到全局最优解，或者在某些情况下可能需要花费较长时间进行迭代求解。因此，在使用逐步法时，需要根据实际问题的特点和要求进行权衡和选择。

(2) 妥协约束法

妥协约束法是一种处理多目标线性规划问题的方法。该方法的核心思想是将多目标问题转化为单目标问题，通过引入妥协约束来平衡不同目标之间的冲突。以下是妥协约束法的详细解释。

① 定义妥协值

对于每个目标函数，确定一个妥协值。妥协值通常是根据决策者对于每个目标的期望或偏好设定的，它代表决策者可接受的最低或最高目标值。

② 构建妥协约束

使用妥协值构建妥协约束。妥协约束是一种特殊类型的约束条件，它将目标函数的值限制在妥协值范围内。

③ 转化为单目标问题

将原始的多目标线性规划问题转化为一个带有妥协约束的单目标问题。在这个新的单目标问题中，优化一个特定的目标函数(通常是最重要的目标)，同时满足所有妥协约束和其他原始约束。

④ 求解单目标问题

使用标准的线性规划求解方法(如单纯形法、内点法等)求解这个带有妥协约束的单目标问题。求解过程将找到一组解，该解在满足所有约束条件(包括妥协约束)的同时，尽可能地优化指定的目标函数。

⑤ 重复过程

如果需要，可以调整妥协值并重复上述过程。通过调整妥协值，决策者可以探索不同目标之间的权衡，并找到一组满意的解。该过程可能需要多次迭代，直到决策者找到满意的解决方案。

⑥ 结果分析

分析最终得到的解，确保它满足所有妥协约束和其他约束条件。同时，评估解在各个目标函数上的表现，以确保它们符合决策者的期望和偏好。

妥协约束法的优点在于它提供了一种灵活的方式来处理多目标问题，允许决策者通过调整妥协值来平衡不同目标之间的冲突。然而，这种方法也依赖于决策者对妥协值的设定，不同的妥协值可能导致不同的解。因此，在实际应用中，决策者需要仔细考虑妥协值的设定，并根据实际情况进行调整。

7.3.4.6 多目标决策计算及应用

在矿业方面，多目标决策的计算及应用也十分重要。矿业活动通常涉及多个目标，如最大化矿产资源的开采量、最小化环境影响、确保工人安全等。这些目标之间可能存在冲突，因此需要使用多目标决策方法来平衡和优化这些目标。

在矿业多目标决策的计算方面，通常会采用模糊数学或灰色系统方法。这些方法能够将多个目标转化为数学模型，并通过软件的分析功能对成千上万个方案进行各目标函数的计算分析。通过这些计算，决策者可以评估不同方案在各个目标上的表现，从而选出最优或最满意的方案。

在矿业多目标决策的应用方面，这些方法可以用于矿产资源的开采规划、矿区环境管理、安全生产等多个方面。例如，在矿产资源的开采规划中，可以使用多目标决策方法平衡矿产资源的开采量、开采成本和环境保护等多个目标，以制订出最优的开采计划。在矿区环境管理中，可以使用多目标决策方法评估不同环境治理方案的效果，以选择最合适的方案。在安全生产方面，可以使用多目标决策方法评估不同安全措施的效果，以确保工人安全。

需要注意的是，矿业多目标决策涉及多个复杂因素，如地质条件、环境因素、经济因素等，因此在实际应用中需要综合考虑这些因素，并根据实际情况进行灵活调整和优化。同时，由于矿业活动的特殊性和风险性，对决策结果的不确定性也需要进行充分的分析和评估。

在矿业方面，多目标决策的应用实例有很多。以下是一些具体的应用实例。

① 矿山开采规划。在矿山开采过程中，需要综合考虑矿产资源的储量、品位、开采条件、市场需求、环境保护等多个因素。多目标决策方法可以帮助矿山企业制订最优的开采计划，以最大化矿产资源的开采量，同时最小化环境影响。例如，可以使用多目标决策方法对不同开采方案进行综合评价，包括开采成本、资源回收率、环境影响等，从而选择最优的开采方案。

② 矿区环境治理。矿区环境治理是矿业可持续发展的重要组成部分。多目标决策方法可以用于评估不同环境治理方案的效果，包括治理成本、治理效果、环境影响等。通过综合考虑这些因素，可以选择最合适的治理方案，以最大限度地减少矿业活动对环境的影响。

③ 矿山安全生产。矿山安全生产是矿业领域的重要问题。多目标决策方法可以用于评估不同安全措施的效果，包括安全投入成本、事故发生率、人员伤亡等。通过综合考虑这些因素，可以选择最优的安全措施，以最大限度地保障矿山生产的安全。

④ 矿业经济评价。在矿业项目投资决策过程中，需要进行矿业经济评价。多目标决策方法可以用于评估不同矿业投资方案的经济效益、社会效益和环境效益。通过综合考虑这些因素，可以选择最优的投资方案，以实现矿业项目的可持续发展。

总之，多目标决策方法在矿业领域的应用实例非常广泛。多目标决策方法的应用，可以帮助矿业企业实现资源的合理利用、环境的保护和矿山的可持续发展。

以下是有关采矿方案选择的一个简化的应用实例，展示了如何使用多目标决策方法评估不同采矿方案的经济效益和环境影响。

假设一家矿山企业面临两个不同的采矿方案选择。方案A具有较高的矿石品位和较低的开采成本,但可能对环境造成较大的影响。方案B则具有较低的矿石品位和较高的开采成本,但环境影响较小。企业需要综合考虑经济效益和环境保护两个目标来作出决策。

(1) 定义目标函数

经济效益目标(E):最大化采矿方案的经济收益。

环境保护目标(P):最小化采矿方案对环境的影响。

(2) 制定方案

方案A:$E_A=1\ 000$ 万元,$P_A=50$ 单位环境影响。

方案B:$E_B=800$ 万元,$P_B=30$ 单位环境影响。

(3) 构建决策矩阵

见表7-14。

表7-14 决策矩阵

方案	经济效益(E)	环境影响(P)
A	1 000	50
B	800	30

(4) 确定权重

假设企业认为经济效益和环境保护的重要性相当,因此将两者的权重都设为0.5。

计算加权目标值:

方案A的加权目标值:$\omega_A=0.5E_A+0.5P_A=0.5\times1\ 000+0.5\times50=525$。

方案B的加权目标值:$\omega_B=0.5E_B+0.5P_B=0.5\times800+0.5\times30=415$。

(5) 决策分析

根据加权目标值,方案A的总效益为525,而方案B的总效益为415。因此,从多目标决策的角度来看,方案A是更优的选择,因为它在平衡经济效益和环境保护两个方面表现出更好的综合性能。

(6) 结论

通过多目标决策方法的应用,企业能够综合考虑经济效益和环境保护两个目标,从而选择出最合适的采矿方案。在实际应用中,可能还需要考虑更多的因素,如技术可行性、资源可持续性等,但这些因素可以通过类似的方式进行量化和评估。

需要注意的是,这只是一个简化的示例,实际的多目标决策问题可能复杂得多,并需要更高级的数学模型和计算方法来解决。此外,决策过程中还需要考虑决策者的偏好、风险承受能力等因素。

7.4 矿业系统决策中的几个问题

7.4.1 灵敏度分析

通常,决策过程中所预测的自然状态概率及计算出的益损值都不会十分精确,因此往往需要对这些变动是否影响最优方案的选择进行深入研究,这就是所谓的灵敏度分析。在矿业领域，灵敏度分析是一种重要的决策工具，用于评估不同参数变化对矿业项目经济效益、环境影响或技术可行性的影响。下面是一个关于灵敏度分析在矿业方面应用的实例。

假设一家矿业公司正在评估一个露天矿山的开采项目。该项目涉及多个关键参数，如矿石价格、开采成本、资源储量、回收率等。公司希望通过灵敏度分析确定这些参数变化对项目净现值(net present value,NPV)和内部收益率(internal rate of return,IRR)的影响。

(1) 参数定义

矿石价格(P)：单位矿石的市场价格，直接影响项目的收入。

开采成本(C)：包括劳动力、设备、能源等直接和间接成本，影响项目的支出。

资源储量(R)：可开采的矿石总量，决定项目的持续时间和规模。

回收率(Y)：实际开采出的矿石量与可开采的矿石总量的比例，反映开采技术的效率。

(2) 灵敏度分析步骤

模型建立：建立一个经济评价模型，用于计算项目的 NPV 和 IRR。该模型应包含上述关键参数，并能够根据参数变化进行动态调整。

基准情景分析：在基准情景下，使用一组初始参数值(如预期的矿石价格、开采成本等)计算项目的 NPV 和 IRR。

参数变化影响分析：单独改变每个关键参数，分析其对 NPV 和 IRR 的影响。例如，可以分别提升或降低矿石价格，增加或减少开采成本、资源储量和回收率，并计算相应情景下的 NPV 和 IRR。

灵敏度计算：计算每个参数变化对 NPV 和 IRR 的灵敏度，即参数变化量与 NPV 或 IRR 变化量之间的比率。这有助于确定哪些参数对项目经济效益的影响更大。

结果分析：根据灵敏度分析的结果，评估不同参数变化对项目经济效益的潜在影响。例如，如果发现矿石价格对 NPV 的灵敏度较高，说明矿石价格的变化对项目经济效益的影响较大。

(3) 结果应用

通过灵敏度分析，矿业公司可以更加清晰地了解不同参数变化对项目经济效益的影响，从而制定更加稳健的决策。例如，如果发现矿石价格对项目经济效益的影响较大，公司可以采取措施来降低对矿石价格的依赖，如开拓多元化市场、提高产品附加值等。

总之，灵敏度分析在矿业领域的应用有助于公司更好地评估和管理项目风险，提高决策的科学性和准确性。

7.4.2 情报(信息)的价值

对于完全不确定型决策问题，获得了有关情报资料后就易于把问题转化为风险型决策问题。而对于风险型决策问题，获得的情报(信息)越多，对自然状态发生概率的估计越准确，作出的决策就越合理。但为了获得情报，要进行调查、试验等工作，这需要支付一定费用。因此，为了权衡得失，有必要估算情报本身的价值。

以下是一个详细的实例应用情况。

实例：矿业市场情报的价值。假设一家矿业公司正在考虑实施一个新的矿产开采项目。在进行决策之前，该公司需要收集和分析大量的市场情报，以评估该项目的潜在价值和风险。

(1) 市场情报的收集

矿产资源评估:公司需要收集有关目标矿产的储量、品位、开采条件等信息。这些情报可以帮助公司评估矿产资源的经济价值和可行性。

市场需求分析:公司需要了解矿产市场的需求趋势、价格波动、消费者偏好等信息。这些情报可以帮助公司预测未来市场需求,从而制定合理的销售策略。

竞争对手分析:公司需要收集有关竞争对手的生产能力、市场份额、产品质量等信息。这些情报可以帮助公司了解市场竞争格局,制定有效的竞争策略。

(2) 市场情报的分析

① 风险评估:通过对市场情报的分析,公司可以评估项目的潜在风险,如市场风险、政策风险、技术风险等。这有助于公司制订风险管理计划,减少潜在损失。

② 决策支持:市场情报的分析结果可以为公司的决策提供有力支持。例如,如果市场情报显示目标矿产的储量丰富且市场需求旺盛,那么公司可能会决定投资该项目。反之,如果市场情报显示竞争激烈且政策风险较高,那么公司可能会考虑放弃或推迟该项目。

(3) 市场情报的价值体现

① 提高决策质量:市场情报可以帮助公司作出更明智、更准确的决策,从而提高决策质量。这有助于公司实现长期可持续发展。

② 增强竞争优势:通过收集和分析市场情报,公司可以了解竞争对手的弱点和优势,从而制定更有效的竞争策略。这有助于公司在市场竞争中脱颖而出。

③ 降低风险:市场情报可以帮助公司提前识别和评估潜在风险,从而制订风险管理计划,降低潜在损失。这有助于保护公司的资产和声誉。

由此可得,矿业市场情报的价值体现在提高决策质量、增强竞争优势和降低风险等方面。通过收集和分析市场情报,矿业公司可以更好地了解市场动态和竞争态势,从而作出更明智、更准确的决策。

7.4.3 效用理论和决策

以上讨论的方法及所举例子,基本上都以益损期望值为评选方案的标准。但是决策是由决策者作出的,决策者的经验、才智、胆识和判断能力等主观因素会对决策的过程产生重要影响。此外,决策也要受到决策者客观处境的间接影响,如果完全以益损期望值作为决策标准,就会把决策过程变成机械地计算期望值的过程,从而把决策者的作用完全排除在外,这当然是不合理的,也是不符合实际情况的。

决策并非单纯依赖决策者的主观意志,而是深受其客观处境的间接影响。正如著名哲学家尼采所说:“没有事实,只有诠释。”这意味着,决策者在制定决策时,不仅要有清晰的思路和目标,还需要深刻理解其所处环境的各种因素。决策者在制定决策时,还要充分考虑自身所处的客观环境。如乔布斯在苹果公司遭遇危机时,能够准确把握市场趋势,带领公司走向新的辉煌。这说明,理解环境、适应环境,是制定有效决策的关键。

例如,有一个资产为500万元的木材加工厂,每年发生火灾的概率为0.001,该工厂每年发生火灾而遭受损失的期望值为$0.001\times500=0.5$(万元)。假定该工厂向保险公司投保,保险公司每年要收取保险费5 500元。这个保险方案将使该工厂由于不发生火灾而遭受的损失期望值为$0.999\times5\ 500=5\ 494.5$(元)$\approx5\ 500$元。尽管如此,工厂还是要投保,因为不投保方案的风险太大。因此,当依据益损期望值进行决策时,要注意结合具体情况进行分析。

又如，某工厂计划试制一种新产品，成功与失败的概率均为 0.5。如果成功，每件新产品可获利 200 元；如果失败，每件产品损失 100 元；如果不试制，照旧生产老产品，每件产品可获利 25 元。

在这个例子中，大多数人可能宁愿选择不试制的方案，尽管生产老产品的利润期望值只有 $1.0\times25=25$(元)，而试制新产品的利润期望值为 $0.5\times200+0.5\times(-100)=50$(元)。其中有些什么道理？是否以期望值为决策标准不合理？不是。决策人宁愿选择期望值较低的方案，是因为不愿意担负遭受损失的风险。一般来说，当同一决策重复多次时，或者风险较小时，决策者的兴趣与期望值的高低大体一致；而当同一决策只进行一次且有较大风险时，决策者的兴趣与期望值的高低往往会出现相当程度的分歧。

上面的例子说明，对相同的益损期望值，不同的决策者的反应不一定相同。这是在决策者的个人素质、当前处境、对未来的展望等条件下促成的。即使是同一决策者，由于时期、条件等不同，对相同的利益或损失的反应也不一定相同。例如，决策者是一家小企业经理时，会把几万元的风险损失看作决定企业生死存亡的大事；而成为大企业经理后，他也许会将几万元的风险损失视作小事。决策者对利益和损失的独特的兴趣、感觉或反应，叫作效用。效用实质上能够描述决策者对风险的态度。

思　考　题

1. 试简述矿业系统决策的一般步骤。

2. 矿业系统决策与传统行业决策有哪些主要区别？矿业特有的复杂性如何影响决策过程？

3. 在矿业系统决策中，定量决策方法和定性决策方法各有哪些优缺点？如何根据具体情况选择合适的决策方法？

4. 试简述贝叶斯决策方法的步骤，举例说明。

5. 请讨论一种你认为在矿业系统决策中特别有效的决策方法，并列举其应用实例。

6. 在完全不确定型条件下，矿业系统决策应如何进行？有哪些决策策略可以帮助应对不确定性？

7. 从个人未来职业规划方面，撰写学习矿业系统决策的心得体会(400 字)。

参考文献

[1] 陈振，李涛，薛晓伟，等.基于模糊综合评价法的可控震源振动器平板疲劳可靠性分析与优化[J].工程设计学报，2021，28(4)：415-425.

[2] 陈祉颖，刘志祥，李夕兵，等.残矿矿柱回采方案数值模拟与优化研究[J].中南大学学报(自然科学版)，2023，54(6)：2150-2161.

[3] 崔铁军，李莎莎，邵良杉.煤矿管理信息系统设计与实现[M].沈阳：东北大学出版社，2022.

[4] 冯夕文，王岳，冯玉振，等.煤矿井下生产可视化动态优化决策系统的研发[J].中国矿业，2013，22(12)：132-135.

[5] 高洪波.基于应急预案的煤矿应急救援辅助决策系统设计[J].工矿自动化，2024，50(2)：147-152，160.

[6] 高晓旭，聂尧，董丁稳，等.基于三类危险源理论的煤矿危险源辨识信息管理与评价系统研究[J].中国煤炭，2015，41(12)：68-71.

[7] 顾清华，汪朝.采矿系统工程[M].北京：冶金工业出版社，2021.

[8] 韩可琦，才庆祥，卢明银.矿业系统可靠性[M].徐州：中国矿业大学出版社，2002.

[9] 郝勇浙，张飞，王昊.基于3DMine-Rhino-FLAC3D的多采空区对竖井的稳定性影响分析[J].中国矿业，2022，31(2)：65-71.

[10] 黄金彪，白润才，刘威，等.基于改进RRT算法的露天矿路径优化模型[J].煤炭学报，2021，46(12)：3846-3854.

[11] 姜洲，陈学力，方伟立，等.基于尾矿库安全物联网决策支持系统研究[J].中国安全生产科学技术，2016，12(5)：120-126.

[12] 靳德武，李鹏.煤层底板水害防治智能决策支持系统框架构建[J].煤田地质与勘探，2021，49(1)：161-169.

[13] 兰海平，张志刚，徐再刚，等.基于LSTM的瓦斯浓度预测与防突预警系统设计[J].矿业安全与环保，2023，50(2)：64-70.

[14] 李佳梦，张元生，王辉，等.三维采矿设计软件在智能矿山的实践应用[J].中国矿业，2018，27(增刊2)：254-257，262.

[15] 李建林，薛杨，王心义，等.基于模糊综合评价的导水通道超前探查判识技术[J].煤炭科学技术，2024，52(7)：178-186.

[16] 李宁，王李管，贾明涛.基于层次分析法的矿井六大系统模糊综合评价[J].中南大学学报(自然科学版)，2015，46(2)：631-637.

[17] 李帅乾，郭忠平，温卓越，等.基于模糊综合评价法的煤矿环境腐蚀倾向性分析[J/OL].煤炭科学技术，2024：1-13[2024-09-02].https://www.chinacaj.net/MTKJ/502657.

[18] 李腾飞,李常友,李敬兆. 煤矿信息全面感知与智慧决策系统[J]. 工矿自动化,2020,46(3):34-37,54.

[19] 李晓晖,袁峰,马良,等. 三维成矿定量预测系统设计与应用实例研究[J]. 地质科学,2017,52(3):755-770.

[20] 李志国,徐涛,刘永杰,等. 露天矿边坡稳定性的层次分析-模糊综合评价耦合分析[J]. 中国地质灾害与防治学报,2024,35(1):116-123.

[21] 廖和平,周志强,邓淇中,等. 基于三维视角的煤矿企业安全危机系统分析[J]. 中国煤炭,2012,38(4):115-119.

[22] 林在康,郑西贵. 矿业信息技术基础[M]. 徐州:中国矿业大学出版社,2009.

[23] 刘建博,付建新,王灵,等. 充填法开采矿体三维模型构建及井筒稳定性分析[J]. 矿冶工程,2021,41(5):18-21.

[24] 刘建坡,武峰,王人,等. 基于模糊综合评价的深部巷道破坏定量风险评估[J]. 东北大学学报(自然科学版),2022,43(5):733-739.

[25] 刘晓宁,罗金辉,马晓理,等. 基于 3DMine 软件的煤炭资源数据建模与分析[J]. 煤田地质与勘探,2019,47(2):72-78.

[26] 卢才武,云庆夏. IT 技术在金属矿山中的应用[J]. 金属矿山,2009(增刊 1):560-565.

[27] 鲁小红. 最优权组合预测法在采煤沉陷变形预测中的应用[J]. 测绘通报,2020(4):111-115.

[28] 罗香莹,谢雄刚,杨培君. 基于改进 AHP-Fuzzy 评价法的煤矿智能机械化系统可靠性研究[J]. 矿业研究与开发,2022,42(1):168-174.

[29] 苗习生,王桂梅,李艳强,等. 基于不确定理论的复杂机械系统的故障预测[J]. 中国煤炭,2014,40(11):59-61,71.

[30] 倪小明,王延斌,吴建光,等. 矿井规划与煤层气井建设协调发展决策系统[J]. 煤炭学报,2009,34(3):381-385.

[31] 任怀伟,王国法,赵国瑞,等. 智慧煤矿信息逻辑模型及开采系统决策控制方法[J]. 煤炭学报,2019,44(9):2923-2935.

[32] 孙效玉,赵松松. 露天矿卡车调度系统综合评价方法[J]. 金属矿山,2016(5):139-143.

[33] 汪理全,杨真,张吉雄. 矿业工程概论[M]. 2 版. 徐州:中国矿业大学出版社,2014.

[34] 王德银,王广民,诸克民,等. 煤炭矿井工程网络计划决策系统[M]. 武汉:中国地质大学出版社,2009.

[35] 王恩元,李楠. 微震自动定位与可靠性综合评价系统及应用[J]. 采矿与安全工程学报,2018,35(5):1030-1037,1044.

[36] 王国法,庞义辉,刘峰,等. 智能化煤矿分类、分级评价指标体系[J]. 煤炭科学技术,2020,48(3):1-13.

[37] 王家臣,刘云熹,李杨,等. 矿业系统工程 60 年发展与展望[J]. 煤炭学报,2024,49(1):261-279.

[38] 王堃屹,周永章,王俊,等. 推荐系统算法在钦杭成矿带南段文地幅矿床预测中的应用[J]. 地学前缘,2019,26(4):131-137.

[39] 吴蒙蒙,马雷,赵卫东,等. 基于 GIS 煤矿采煤塌陷预测分析系统设计与实现[J]. 矿业

安全与环保,2017,44(6):36-40.
[40] 肖福坤,张俊文.矿业系统工程[M].徐州:中国矿业大学出版社,2010.
[41] 薛黎明,王豪杰,朱兵兵,等.煤炭资源可持续力评价与系统协调发展分析[J].经济地理,2020,40(1):114-124.
[42] 杨仁树,马鑫民.煤矿巷道支护智能设计系统与工程应用[M].北京:冶金工业出版社,2015.
[43] 姚庆国,赵丽霞,张学睦.煤矿安全管理信息系统模糊综合评价模型[J].矿业安全与环保,2017,44(6):120-124.
[44] 袁显平,董旭,边珍.绩优煤炭企业特征模型的构建与应用研究[J].煤炭工程,2022,54(9):187-192.
[45] 曾康生,胡乃联.煤矿系统安全预测模型与组合预测[J].煤炭学报,2008,33(10):1122-1125.
[46] 张春华,刘泽功.基于MATLAB的灰色预测系统及其对抽采瓦斯钻孔流量的数值模拟[J].中国安全科学学报,2007,17(4):52-55.
[47] 张俊文,查文华,魏世明.矿业系统工程[M].徐州:中国矿业大学出版社,2015.
[48] 张俊文,查文华,魏世明.矿业系统工程[M].2版.徐州:中国矿业大学出版社,2021.
[49] 张科学,王晓玲,何满潮,等.智能化无人开采工作面适用性多层次模糊综合评价研究[J].采矿与岩层控制工程学报,2021,3(1):47-56.
[50] 张科学,徐兰欣,李旭,等.透明工作面智能化开采大数据分析决策方法及系统研究[J].煤炭科学技术,2022,50(2):252-262.
[51] 张旭辉,鞠佳杉,杨文娟,等.基于数字孪生的复杂矿用设备预测性维护系统[J].工程设计学报,2022,29(5):643-650,664.
[52] 张旭辉,吕欣媛,王甜,等.数字孪生驱动的掘进机器人决策控制系统研究[J].煤炭科学技术,2022,50(7):36-49.
[53] 张雪军,黎卓芳.煤矿多参数复合风险智能分级决策预警系统[J].工矿自动化,2024,50(增刊1):88-91.
[54] 赵鹏,毛善君,黄群英,等.矿井采掘衔接智能决策支持系统设计[J].煤炭科学技术,2007,35(3):51-53,56.
[55] 赵学军,武岳.煤矿技术创新能力评价与智慧矿山3D系统关键技术[M].北京:北京邮电大学出版社,2022.
[56] 郑茂全,侯媛彬,李学文,等.基于决策树改进随机逼近煤矿输送机系统智能群启动算法[J].西安科技大学学报,2016,36(1):104-110.
[57] 左蔚然,何亚群,贺靖峰,等.峰峰煤田煤质预测管理信息系统的设计与实现[J].煤炭科学技术,2007,35(5):65-68.
[58] CHEN L, LI Y C, SILAMU W, et al. Smart mining with autonomous driving in industry 5.0: architectures, platforms, operating systems, foundation models, and applications[J]. IEEE transactions on intelligent vehicles, 2024, 9(3): 4383-4393.
[59] CUI P F, ZHANG Q, YANG K, et al. Classification and design of backfill coal mining systems based on typical engineering cases[J]. Energies, 2023, 16(24): 8074.

[60] FATTAHI H,GHAEDI H. Advancing roof fall rate prediction in underground coal mines:a comprehensive analysis using the rock engineering system method[J]. Mining,metallurgy and exploration,2024,41(2):957-970.

[61] JISKANI I M,ZHOU W,HOSSEINI S,et al. Mining 4.0 and climate neutrality:a unified and reliable decision system for safe,intelligent,and green & climate-smart mining[J]. Journal of cleaner production,2023,410:137313.

[62] LAFQUIH H,KRIMI I,ELHAQ S L. Digging into mining 4.0:applying systems engineering to a digital spare parts management system[J]. IEEE engineering management review,2023,51(4):191-204.

[63] LI S,CHEN J P,LIU C. Overview on the development of intelligent methods for mineral resource prediction under the background of geological big data[J]. Minerals,2022,12(5):616.

[64] LIM J H,KIM H W,HONG S,et al. Simulation technology development for dynamic analysis of mechanical system in deep-seabed integrated mining system using multibody dynamics[J]. Minerals,2022,12(5):498.

[65] LIU D,LI G Q,CHANDA E K,et al. An improved GM (1.1) model with background value optimization and Fourier-series residual error correction and its application in cost forecasting of coal mine[J]. Gospodarka surowcami mineralnymi-mineral resources management,2023,35(3):75-98.

[66] LIU H,REN F Y,HE R X,et al. Application of fuzzy comprehensive assessment and rock engineering system to assess cavability in block caving mining and establishment of its regionalized model[J]. Environmental earth sciences,2021,80(1):15.

[67] LIU Y H,LI G Q,HOU J,et al. An underground mine safety-oriented optimization model for mine tailings backfill scheduling considering multi-process and multi-cycle issues[J]. Minerals,2023,13(11):1409.

[68] LU G Z,WANG R,LI Q S,et al. Three-dimensional dynamic visualization simulation of underground mining engineering considering chaos optimization of symmetric varieties[J]. Mobile information systems,2022,2022(1):2916971.

[69] PANG C M,SHI Y K,WANG X,et al. Study on a high-efficiency mining technology system for gas outburst in coal seams:example of an H coal mine[J]. Minerals,2022,12(7):795.

[70] PARASKEVIS N,ROUMPOS C,STATHOPOULOS N,et al. Spatial analysis and evaluation of a coal deposit by coupling AHP & GIS techniques[J]. International journal of mining science and technology,2019,29(6):943-953.

[71] REN B,DING K,WANG L G,et al. Research on an intelligent mining complete system of a fully mechanized mining face in thin coal seam[J]. Sensors,2023,23(22):9034.

[72] SANMIQUEL L,BASCOMPTA M,VINTRÓ C,et al. Subsidence management system for underground mining[J]. Minerals,2018,8(6):243.

[73] SHISHVAN M S, BENNDORF J. Operational decision support for material management in continuous mining systems: from simulation concept to practical full-scale implementations[J]. Minerals, 2017, 7(7): 116.

[74] WANG H Y, WANG Q Q, HUANG L, et al. Intelligent decision-making system for integrated geological and engineering of deep coalbed methane development [J]. Energy and fuels, 2023, 37(18): 13976-13984.

[75] XI Y Z, LI Y B, LIU J J, et al. Application of analytic hierarchy process in mineral prospecting prediction based on an integrated geology-aerogeophysics-geochemistry model[J]. Minerals, 2023, 13(7): 978.

[76] XIAO K Y, XIANG J, FAN M J, et al. 3D mineral prospectivity mapping based on deep metallogenic prediction theory: a case study of the Lala copper mine, Sichuan, China[J]. Journal of earth science, 2021, 32(2): 348-357.

[77] YAN X X, WANG G R, JIANG K S, et al. Multi-objective scheduling strategy of mine transportation robot based on three-dimensional loading constraint [J]. Minerals, 2023, 13(3): 431.